COMPENDIUM THÉRAPEUTIQUE

DES

MALADIES NERVEUSES

PAR

LE DOCTEUR E. VERRIER

Directeur de l'Institut hydrothérapique de Passy,
Lauréat de l'Académie de médecine,
Officier de l'Instruction publique,
Ancien préparateur à la Faculté.

PARIS

A. MALOINE, ÉDITEUR.
21, place de l'École de Médecine

1898

COMPENDIUM THÉRAPEUTIQUE

DES

MALADIES NERVEUSES

COMPENDIUM THÉRAPEUTIQUE

DES

MALADIES NERVEUSES

PAR

LE Docteur E. VERRIER

Directeur de l'Institut hydrothérapique de Passy,
Lauréat de l'Académie de médecine,
Officier de l'Instruction publique,
Ancien préparateur à la Faculté.

PARIS

A. MALOINE, ÉDITEUR

21, place de l'Ecole de Médecine

1897

A

MONSIEUR LE PROFESSEUR RAYMOND

Hommage dévoué

Dr E. VERRIER.

PRÉFACE

L'opuscule pour lequel le Dr Verrier a bien voulu me prier d'écrire une préface se recommande de lui-même à l'attention des médecins. Il comble une lacune, en ce sens qu'on y trouve cataloguées dans l'ordre alphabétique, les principales maladies ou simples perturbations fonctionnelles du système nerveux, avec l'exposé des médications et des procédés thérapeutiques les plus usités contre elles. Beaucoup de ces affections, en raison de leur incurabilité, de leur longue durée, des souffrances et des troubles fonctionnels multiples qu'elles entraînent, soumettent la patience et le savoir faire du médecin à de dures épreuves, d'autant plus que le traitement des affections du système nerveux est trop souvent exposé avec une parcimonie regrettable dans les ouvrages didactiques.

Dans ces conditions le petit livre de M. Verrier, écrit sans prétention, dans un style élégant et clair, ne manquera pas de trouver bon accueil auprès de ceux qui se préoccupent surtout des exigences de la pratique médicale,

sans se passionner pour les questions de doctrine et les savantes recherches.

Je ne puis que féliciter l'auteur d'avoir
mené à bonne fin une tâche aussi éminem-
ment utile, tout en lui souhaitant le succès
qu'il mérite. L'estime qu'il s'est acquise par
ses travaux antérieurs m'est d'un bon augure
pour la réalisation de ce souhait.

Paris, le 25 novembre 1897.

F. RAYMOND,
Professeur de clinique des maladies nerveuses
à la Faculté de médecine de Paris.

THÉRAPEUTIQUE

DES

MALADIES NERVEUSES

I

Des Anesthésies et Hémianesthésies.

L'anesthésie n'a pas besoin d'être définie; il en est de même de l'hémianesthésie.

L'anesthésie comme l'hémianesthésie peuvent se rencontrer dans l'apoplexie cérébrale, le ramollissement, les tumeurs, l'action des agents stupéfiants et même sous l'influence d'une vive préoccupation.

On les rencontre aussi à la suite de la section chirurgicale des nerfs ou dans les accidents traumatiques ; on les a notées dans la syphilis (Fournier). Enfin on les a vu se produire à la suite d'une application de glace ou de mélanges réfrigérants. L'anesthésie hystérique est très fréquente. Magnan a appelé l'attention sur l'hémianesthésie chez les alcooliques ; de Cours l'a aussi signalée chez les saturnins.

D'autres auteurs ont observé l'anesthésie à la suite des maladies aiguës infectieuses ou encore accompagnant certaines affec-

1.

tions de la peau. Enfin tous les aliénistes ont cité l'anesthésie des aliénés dans leurs travaux, anesthésie qui va parfois jusqu'à l'insensibilité la plus complète.

Tantôt l'anesthésie est bornée à la peau (*anesthésie cutanée*) ; tantôt elle s'étend au système musculaire (*anesthésie musculaire*) ; dans ce dernier cas elle existe avec conservation de la motilité normale ou avec une paralysie du mouvement ; quelquefois avec incoordination de ces mouvements ; il existe aussi des anesthésies spéciales, celle du trifacial, par exemple, et des nerfs des sens (*optique, acoustique, olfactif, gustatif*). Enfin on a noté divers états morbides se compliquant plus ou moins d'anesthésie.

Dans toutes ces anesthésies quelle qu'en soit la cause, de même que dans les hémianesthésies, il est une indication générale qui prime toutes les autres au point de vue du traitement : C'EST DE RENDRE AUX PARTIES ANESTHÉSIÉES LEUR SENSIBILITÉ NORMALE. Pour cela la médication devra varier avec la nature et le siège de la modification organique qui donne lieu à la perte de la sensibilité, en même temps qu'on attaquera le symptôme lui-même par des stimulants, des révulsifs ou des dérivatifs locaux qui peuvent à eux seuls amener la guérison dans certains cas d'anesthésie périphérique. De même lorsque sous l'influence d'une médication générale la cause de l'insensibilité a disparu et que la peau tarde à reprendre ses propriétés sensorielles, la médication locale trouve encore son indication.

Je renverrai donc le lecteur au traitement général de chaque affection donnant lieu à l'anesthésie et je me bornerai dans cet article à envisager le traitement local ; 1° dans l'anesthésie cutanée ; 2° dans l'anesthésie musculaire ; 3° enfin dans les anesthésies spéciales.

ANESTHÉSIES CUTANÉES. — Comme révulsif et au premier chef je placerai l'*aquapuncture*. Ce procédé renouvelé des anciens par Salles-Girous sous le nom de *douche filiforme* est le meilleur des révulsifs et nous a donné, à notre établissement de Passy, de nombreux succès. Un appareil muni d'un corps de pompe et d'un manomètre pour mesurer la pression permet dans les anesthésies cutanées de ne pas dépasser une pression de 3 à 4 atmosphères et grâce à une modification apportée par Pascal à l'appareil primitif de Salles-Girons, le jet un peu moins fin ne tend pas à percer la peau et, agissant sur une surface un peu plus large, il procure une révulsion énergique suffisante pour rendre en quelques séances la sensibilité à la partie soumise à son action et sans douleur, à l'encontre de ce que disent les auteurs du *Dictionnaire usuel des sciences médicales*, art. AQUAPUNCTURE. (1)

On voit par la définition que nous donnons en note que les auteurs du dictionnaire cité considéraient l'aquapuncture comme devant être appliquée dans les névralgies et en général sur toute région douloureuse. On comprend dès lors, que son usage se soit peu répandu. Mais il en est tout autrement lorsque, comme nous le faisons à l'Institut d'Hydrothérapie scientifique, on emploie l'aquapuncture dans les anesthésies. D'ailleurs il y a là une question de pression dont l'article en question ne fait pas mention et qui dans l'espèce est très importante. Si 4 à 5 atmosphères suffisent pour réveiller la sensibilité cutanée on verra plus loin que pour obtenir le réveil de la sensibilité musculaire il en faudra 15 à 20. C'est alors que sur des parties déjà douloureuses l'aquapuncture deviendrait difficile à supporter.

L'indication de ce révulsif s'étend à beaucoup d'autres cas, nous les indiquerons chemin faisant.

(1) AQUAPUNCTURE. Méthode thérapeutique qui a pour but de provoquer une réaction locale à l'aide d'un appareil qui projette brusquement et violemment sur une région douloureuse un jet d'eau filiforme. Cette médication est assez douloureuse. Elle a été employée contre les névralgies. Les appareils à aquapuncture sont d'ailleurs peu usités.

A la suite de l'aquapuncture viennent se ranger les frictions avec des pommades irritantes, les vésicatoires, les bains excitants, les emplâtres, l'application des aimants, celle des métaux (Burquisme), le magnétisme, la suggestion hypnotique, dans l'anesthésie hystérique, et surtout l'électricité qui, avec l'aquapuncture, sont les meilleurs moyens et les moins dangereux à employer pour ramener la sensibilité cutanée dans les parties anesthésiées.

C'est à la faradisation à l'aide du pinceau métallique que Vulpian avait recours dans les cas d'anesthésie cutanée ou d'hémianesthésie d'origine cérébrale. Dans un cas où, ni les pincements, ni les piqûres, n'étaient ressentis, il obtint en six ou sept minutes au niveau des points d'application du pinceau des fourmillements, des picotements, une sensation douloureuse, puis une hyperalgésie si considérable qu'on fut obligé de diminuer la force du courant.

Dans les séances suivantes, la sensibilité devint moins obtuse, la sensibilité à la piqûre et au pincement a reparu et cela non seulement dans le membre électrisé, mais aussi dans toutes les autres parties du corps qui étaient anesthésiées.

Duchenne, de Boulogne, a prouvé, du reste, que souvent il suffit de stimuler un

point limité du corps pour que la sensibilité revienne dans les parties qui n'ont
pas été électrisées (1).

Le retour de la sensibilité porte même
sur les sens qui sont atteints dans l'hémianesthésie cérébrale alors même que
la faradisation serait pratiquée sur une
région limitée du côté sain (2). Il en est
de même pour l'aquapuncture, et ce dans
différents états morbides.

Peut-être pourtant serait-il prudent de
faire une exception pour les cas d'anesthésie générale absolue dans le sens ri-
goureux du mot, comme chez les aliénés
par exemple ou encore chez certaines hystériques (Briquet).

Dans le saturnisme il conviendra de
distinguer l'anesthésie de date récente et
celle due à des lésions anciennes des nerfs
périphériques. La première disparaît facilement par l'aquapuncture et la faradisation cutanée. La seconde, au contraire, se
montre rebelle à ces genres d'excitation
car la conductibilité nerveuse étant gra-
vement entravée, tous les modes d'excitation se montrent impuissants pour réveiller la sensibilité. Mais même dans ce
cas la faradisation cutanée pourra être

(1) *De l'électrisation localisée*, 3ᵉ éd., 1872, p. 818.
(2) GRASSET. *Note sur les effets de la faradisation
de la peau dans l'anesthésie d'origine cérébrale.
(Arch. physiolog.*, nᵒ 6, 1876, p. 164.)

d'une grande utilité pour le diagnostic différentiel d'une anesthésie périphérique d'avec une anesthésie de cause centrale.

Le rôle des frictions énergiques avec pommades irritantes, comme celui de tous les moyens propres à produire la congestion de la peau, et ici encore vient se placer l'aquapuncture, peut contribuer à diminuer ou à guérir certaines anesthésies produites par des altérations du sang ou par une inégale répartition de sa circulation.

Quant aux plaques métalliques appliquées sur la peau on explique leur action par le contact de la peau chargée de sels avec des métaux oxydables déterminant un courant électrique superficiel qui agit sur l'innervation et la circulation capillaire des parties anesthésiées.

Pour le Dr Burcq il existe une sorte d'idiosyncrasie métallothérapique qui fait que tel métal réussit mieux sur tel malade que tel autre métal et *vice versa*. Les courants électriques produits varieraient donc d'intensité avec chaque métal suivant la nature de la sécrétion de la peau de chaque malade. Par l'application des métaux il se fait également une sorte de transfert à l'aide duquel MM. Landolt et Gellé ont obtenu des effets favorables dans les anesthésies de la vue et de l'ouïe. Enfin Charcot avait constaté que le retour de la

sensibilité sous l'influence de la métallothérapie peut aussi s'effectuer dans des
anesthésies d'origine organique, même
avec destruction de la capsule interne. On
comprend seulement qu'il est rare, dans
ces cas, que la guérison soit permanente.

Anesthésie musculaire. — L'anesthésie
musculaire est cet état morbide particulier
que l'on a décrit sous le nom de *paralysie
musculaire sensitive*, défaut de *sens musculaire*, *perte du sentiment d'activité musculaire*, *abolition de la conscience musculaire*. Dans cet état on voit constamment l'anesthésie musculaire se ca-
ractériser par la perte simultanée de
toutes les perceptions dont les muscles
peuvent être le point de départ, que ces
perceptions soient relatives à l'activité
musculaire ou au contact, à la pression, à
la douleur, etc.

Traitement de l'anesthésie avec conservation de la motilité. — Lorsque
l'anesthésie se montre avec les caractères
d'isolement et de simplicité, il convient de
recourir à un régime et à une médication
toniques, à l'électrisation directe de la
masse musculaire et à la douche filiforme
ou aquapuncture avec 15 à 20 atmosphères.
Enfin, à l'administration du sulfate de
strychnine à l'intérieur.

Anesthésie avec paralysie du mouve-

MENT. — Cas fréquent dans l'hystérie. Lorsqu'avec la perte simultanée de toutes les perceptions musculaires, il s'ajoute une paralysie du mouvement comme il arrive fréquemment dans la paralysie hystérique, c'est encore le cas d'employer l'aquapuncture avec une forte pression, ou la faradisation profonde des masses musculaires à l'aide d'une éponge mouillée et d'un réophore métallique terminé en pointe et recouvert d'une peau de chamois légèrement humectée. Peut-être serait-il encore préférable d'électriser directement le nerf moteur du muscle paralysé s'il est accessible sur un point quelconque de son parcours.

ANESTHÉSIE AVEC INCOORDINATION MOTRICE. — Dans les cas d'ataxie locomotrice c'està-dire lorsque l'anesthésie s'accompagne d'une incoordination des mouvements, il faut établir le diagnostic de la cause de cette ataxie, étant admis que l'incoordination motrice peut être due non seulement aux troubles de la sensibilité, mais aussi à une lésion des conducteurs centrifuges ou à un trouble de l'appareil central de la coordination comme le voulait le professeur Charcot. Le diagnostic établi, il sera plus facile d'instituer le traitement et, outre ce que nous avons dit à propos de la perte de la sensibilité, il sera bon de recourir aux injections hypodermiques de phosphate de soude de préférence au phosphate de chaux, qui est moins soluble. Ainsi pour 1 gramme d'eau bien aseptisée, introduire 0 gr. 10 de phosphate de soude, sans intervention de glycérine, qui rend la solution douloureuse. Pour aseptiser l'eau, éviter l'acide phénique.

On peut aussi ajouter 0 gr. 004 de phosphore, par gramme d'huile d'eucalyptol.

Une demi-seringue Pravaz pour chaque injection, une le matin, une le soir.

Nous avons essayé, sans succès et avec persévérance, l'injection du liquide de Brown-Séquard.

Le sulfate et l'albuminate d'argent ont aussi été administrés en injections hypodermiques, nous leur préférons les mêmes sels à base de soude pour la raison que nous avons dite plus haut.

En outre les injections de sels d'argent sont très mal supportées par les malades et elles occasionnent à ceux dont le filtre rénal n'est pas en parfait état d'intégrité de l'albuminurie.

La suspension recommandée dans le *tabès dorsalis* trouve encore son indication dans l'incoordination motrice. Enfin la gymnastique raisonnée telle qu'on l'emploie en Allemagne fortifie le système musculaire et régularise son fonctionnement. Pour cela le malade s'exercera d'abord à exécuter méthodiquement des mouvements simples de flexion d'extension, d'adduction, d'abduction. Au fur et à mesure de la répétition de ces mouvements méthodiques, le malade constate qu'il maîtrise de plus en plus les contractions désordonnées de ses membres. Après avoir ainsi exercé méthodiquement et successivement ses pieds, ses jambes et ses cuisses le médecin interviendra pour faire exécuter au patient les mouvements plus complexes, comme de s'asseoir et de se relever lentement sans appui ; de se tenir debout en se tenant sur une canne, de lever le pied gauche et de le poser doucement par terre en le faisant avancer de la longueur d'un pas, de faire le même mouvement en sens inverse et de recommencer le même exercice avec l'autre pied ; enfin de se maintenir debout les pieds écartés, de fléchir les genoux pour s'accroupir, de se relever ensuite et de varier ainsi les exercices jusqu'au retour de la motilité régulière et volontaire ce qui peut durer un mois ou deux d'après l'ancienneté de la maladie (1).

ANESTHÉSIES SPÉCIALES. — Sous ce titre nous rangeons la perte de l'aptitude motrice indépendante de la vue qui ne s'ob-

(1) FRAENKEL. (*Münchener medicin. Wochenschrift,* 1890 n° 52.

serve jamais que chez des individus atteints d'une anesthésie musculaire profonde, mais qui ne demande pas d'autre traitement que celui de l'anesthésie musculaire. Il y a aussi l'anesthésie du trifacial qui est beaucoup plus rare que la paralysie du même nerf.

Elle est souvent le résultat d'exsudats méningés, de ramollissement, d'atrophie, de sclérose ou de néoplasmes occupant le tronc ou les rameaux de la portion ganglionnaire du nerf trijumeau, on l'a observée aussi à la suite d'un traumatisme ou d'un simple refroidissement.

Toute anesthésie d'origine cérébrale siégera du côté opposé à la lésion, tandis que dans le cas de traumatisme, qu'il soit accidentel ou chirurgical l'anesthésie sera directe.

Le traitement ne diffère pas de celui que réclame la paralysie du nerf moteur de la face.

Quant aux anesthésies des sens proprement dits et à celles qui succèdent à divers états morbides, qu'il nous suffise de dire que le traitement consiste à combattre les causes pathologiques dont on peut apprécier l'influence ; à faire usage de dérivatifs intestinaux, d'exutoires ou de mouches au voisinage soit de l'oreille soit de l'œil dans le cas d'anesthésie optique en y ajoutant le traitement de l'achroma-

topsie, ou enfin dans l'anesthésie acoustique de pratiquer les injections de vapeurs
excitantes dans la trompe d'Eustache.

Les anesthésies olfactives et gustatives
ne réclament pas d'autre traitement que
celui de la lésion ou de la névrose dont
elles dépendent. Il en est de même pour les
anesthésies suite d'états morbides divers,
quel que soit le siège de ces anesthésies.

2.

II

Des Atrophies musculaires.

Les pathologistes, qui dans ces dernières années, se sont occupés des atrophies musculaires, les ont rapportées à quatre sources ou origines principales.

a) 1º Les atrophies musculaires d'origine cérébrale.

b) 2º Les atrophies médullaires ou myélopathiques.

c) 3º Les atrophies directes ou myopathiques.

d) 4º Les atrophies périphériques ou neuropathiques.

Nous admettons cette division pour établir le traitement de ces atrophies ; toutefois nous aurons soin pour le praticien d'énumérer les différentes lésions qui peuvent donner lieu à ces atrophies. Ainsi dans la première division *a)* nous trouvons toutes les atrophies se développant à la suite d'une altération des cornes antérieures de la moelle consécutive à une affection cérébrale et celles qui sont une conséquence directe de la lésion du cerveau. Dans le premier cas, l'atrophie ne se montre que tardivement dans l'évolution de la maladie principale, elle devient alors myélopathique. — *b.*) Dans le deuxième, au contraire, elle a lieu directement, sans l'intervention de la substance grise médullaire, et elle se produit plus rapidement.

Mais, dans un cas comme dans l'autre, le traitement est le même que celui des atrophies musculaires d'origine myélopathique, c'est-à-dire la galvanisation des centres nerveux et du grand sympathique ainsi que quelqu'autres médications, que nous mentionnons plus loin.

Quant aux atrophies musculaires directes *c*) ou myopathiques, elles ressortissent plus volontiers à la faradisation. (Courants induits).

Enfin il existe encore des atrophies dues à des névrites périphériques, étudiées dans ces dernières années, et que les neuropathologistes ont nommées neuropathiques. On peut en faire une quatrième divison en y affectant la lettre *d*) pour la facilité de l'application du traitement général. C'est dans cette classe que doivent se ranger les atrophies consécutives aux névralgies, telles que les comprenait Axenfeld, p. 67 de son Traité des névroses (2ᵉ éd.)

Nous ne devons pas omettre, pour être complet, d'invoquer certaines maladies de

la moelle qui se compliquent exceptionnel-
lement d'atrophie musculaire. Telles sont
les myélites disséminées ou transverses,
la compression de la moelle, la sclérose
en plaques et jusqu'au tabes dorsalis où
l'atrophie musculaire peut être le résultat
d'une téphromyélite antérieure, ou d'une
névrite périphérique sans altération apparente des cornes antérieures ; on a même
signalé dans le tabes, l'atrophie ou mieux
l'hémiatrophie de la langue. (G. Ballet,
Arch. de Neurolo. N° 20, 1884, p. 191 : mais
alors toutes ces atrophies peuvent rentrer
dans la quatrième division *d*). C'est du reste
l'opinion de M. Déjerine.

Ceci étant dit, nous entrons en matière :

**Traitement général des atrophies
musculaires.** Nous avons dit plus haut que
les atrophies dues à une lésion cérébrale
pouvaient être la conséquence d'une lésion
du cerveau, comme un foyer hémorrha-
gique, par exemple, une gomme, des tubercules, une tumeur, etc. Dans ces cas, ce n'est
que tardivement et après une hémiplégie
ou une paralysie plus ou moins longue que
survient l'atrophie musculaire. C'est aussi
longtemps après l'accident primitif, surtout s'il s'agit d'une hémorrhagie cérébrale, qu'il conviendra d'intervenir contre
l'atrophie proprement dite. On aura, bien

entendu, dirigé contre l'accident primitif toutes les ressources de la thérapeutique qu'il ne m'appartient pas d'indiquer ici, qu'elles soient d'ordre médical ou chirurgical. Lorsque l'on n'a plus à traiter que l'atrophie proprement dite qui est ici la conséquence de la longue inaction des muscles correspondants au siège de la lésion, on commencera par s'assurer par l'exploration électrique de l'état des nerfs et des muscles au point de vue de la conservation de leur contractilité. S'il était prouvé que la dégénérescence de la fibre musculaire fut complète, le pronostic deviendrait d'une excessive gravité, car l'incurabilité de l'atrophie serait sans remède. Mais si l'exploration électrique ne faisait constater qu'une dégénérescence partielle, on pourrait conserver l'espoir de la guérison en soumettant le malade au traitement préconisé plus loin pour les atrophies directes ou myopathiques. Quant aux atrophies consécutives à une altération des cornes antérieures de la moelle, suite elle-même d'une lésion du cerveau, le traitement pour ces dernières se confondrait avec celui réservé aux atrophies de source myélopathique. En définitive, au point de vue de la thérapeutique des atrophies musculaires, on peut réduire les indications au nombre de trois :

I. Atrophie directe des muscles.

II. Atrophie résultant d'une lésion de la moelle.

III. Atrophie survenue à la suite d'une lésion d'un nerf périphérique. Avant de commencer la technique de ce triple traitement, qu'il me soit permis de dire comment on procède à la recherche de la réaction de dégénérescence. La théorie de cette recherche a été exposée magistralement dans un des livres du professeur Raymond, sous le nom d'*électro-diagnostic* (1), nous y renvoyons le lecteur. A la clinique de M. le professeur Raymond, pendant le semestre d'hiver 1894-95, elle a fait l'objet d'une conférence de la part de M. le Dr Huet, chargé plus spécialement de ce service. Mais voici, en quelques mots, ce qu'on doit entendre, d'après Erb, de Heidelberg, par réaction de dégénérescence, « un parallélisme entre l'état de l'excitabilité *galvanique* et *faradique* du nerf et de l'excitabilité *faradique* du muscle paralysé ; tandis qu'il y a discordance entre l'excitabilité *faradique* et l'électricité *galvanique* du muscle ».

Supposons, avec M. le professeur Raymond, un nerf mixte ou un nerf moteur ayant subi par traumatisme une section complète ; les muscles animées par ce nerf

(1) F. RAYMOND. *Maladies du syst. nerveux*, Paris 1889, p. 86 et suiv.

sont séparés de leur centre d'innervation motrice et trophique. Ils sont donc dans l'impossibilité de répondre aux incitations de la volonté ; on dit alors que ces muscles sont frappés de paralysie motrice. Si, un jour ou deux après l'accident, on applique soit le courant faradique, soit le courant galvanique sur le trajet du bout périphérique du nerf sectionné, on n'obtienbra de contractions dans les muscles paralysés qu'en employant des intensités de courants plus grandes que celles qui sont nécessaires dans les circonstances ordinaires.

Il n'y a pas alors abolition complète, mais seulement affaiblissement ou diminution de l'excitabilité faradique et galvanique de l'extrémité terminale du nerf lésé. Mais cette diminution va en s'accentuant et, à un moment donné, les muscles paralysés ne répondent plus aux excitations des deux sources d'électricité quelle que soit l'intensité des courants employés ; la paralysie est devenue complète, il y a abolition de l'excitabilité électrique et le pronostic est d'autant plus grave que la lésion nerveuse est irréparable. Nous avons pourtant constaté deux fois dans notre longue carrière médicale que la section complète d'un nerf, mais sans excision, pouvait être suivie d'une cicatrisation des bouts divisés et du retour des fonctions du nerf, au bout d'un certain temps.

Donc, si les bouts du nerf lésé ne sont pas séparés, s'il n'y a pas eu excision, on peut encore avec de la persévérance voir le courant se rétablir.

Cette question a été parfaitement élucidée par M. le Dr Polaillon. Le courant peut aussi se rétablir par les anastomoses, mais tout cela est affaire de temps et assombrit le pronostic. Si, comme contre épreuve, on vient à examiner par l'exploration directe les muscles paralysés, soit avec le courant faradique, soit avec le courant galvanique, on constate les mêmes résultats que l'on constatait par l'exploration du nerf périphérique. La contractilité musculaire s'éteint en même temps que la contractilité nerveuse avec les deux sortes de courants ; il y a donc parallélisme entre l'action du courant faradique et celle du courant galvanique.

Mais si l'on vient à appliquer le courant galvanique sur les muscles paralysés on peut, au début de la lésion, constater encore un reste d'excitabilité musculaire, mais, au fur et à mesure qu'on s'écarte du début, quelquefois même dès la première ou la deuxième semaine, la paralysie au lieu de s'accentuer semble, sous l'influence du courant galvanique, donner quelqu'espoir de guérison, car l'excitabilité galvanique subit une exagération très marquée. On constate, en effet, qu'on obtient des contractions en appliquant sur les muscles paralysés les courants continus de plus en plus faibles, ce qui constitue une modification quantitative de l'excitabilité musculaire. Il existe également, avec les mêmes courants, une modification qualitative de la même excitabilité, car les contractions au lieu d'être courtes et rapides sont traînées en longueur, de telle sorte que de faibles courants suffisent pour amener une sorte de contracture permanente ou tétanique du muscle pendant toute la durée de l'application. En définitive, comme l'admet M. Raymond, la réaction de dégénérescence se constate par la succession des quatre phases suivantes :

I. Abolition de la motilité volontaire, diminution des excitabilités galvanique et faradique du nerf lésé ainsi que des muscles paralysés.

II. Persistance de l'immobilité, continuation de la diminution de l'excitabilité galvanique et faradique du nerf, tandis que dans le muscle l'excitabilité faradique continue à diminuer, l'excitabilité galvanique au contraire, va en augmentant.

III. Réveil de la motilité volontaire, relèvement de l'excitabilité faradique et galvanique du nerf et de l'excitabilité faradique seule du muscle, tandis que l'excitabilité galvanique, qui était exagérée, diminue à son tour.

3

IV. Relèvement plus accentué de l'excitabilité galvanique et faradique du nerf qui tend à revenir à son état normal, de même que l'excitabilité faradique du muscle. Quant à l'excitabilité galvanique du muscle qui était exagérée, elle redescend et tend elle-même à revenir au parallélisme qui n'existait plus.

N. B. Il n'y a que dans le cas de paralysie dépendante d'une lésion incurable et par conséquent définitive que le réveil de motilité volontaire (III° phase) ne se fait pas et, dans ce cas, les deux sortes de courants appliqués aussi bien sur le nerf que sur le muscle restent absolument sans effet.

1° ATROPHIE DIRECTE DE LA FIBRE MUSCULAIRE (*Myopathie*).

Faradisation. La faradisation constitue un des plus puissants moyens d'agir sur la contractilité des fibres musculaires.

En effet pendant le passage du courant, le muscle faradisé exécute une série de contractions successives, qui peuvent être assez rapprochées pour se confondre, donnant ainsi lieu, comme nous l'avons déjà dit, à une sorte de tétanisation, si la contractilité musculaire est conservée au moins partiellement.

Le courant galvanique ne produirait pas le même effet, même en employant les intermittences rithmées et fréquentes.

Les effets produits par le courant faradique sont essentiellement excitants et conviennent parfaitement dans les cas d'affections périphérique du système nerveux, comme dans beaucoup d'autres, notamment lorsqu'on se propose d'agir par voie réflexe sur les nerfs vaso-moteurs, sur la circulation, la respiration, etc. La faradisation peut être localisée ou généralisée ; localisée elle s'applique isolément sur chaque muscle atrophié (voir Duchenne de Boulogne, *De l'électrisation localisée*). Pour cela on applique les deux électrodes sur la région du tégument externe qui correspond au muscle atrophié.

On aura soin, pour cet effet, de se servir d'éponges ou de tampons humides, afin que le fluide électrique pénétre jusque dans la profondeur du muscle ; on n'obtiendrait pas le même résultat avec des électrodes sèches qui ne donnent qu'une révulsion locale et superficielle ou des effets réflexes éloignés.

On peut aussi faire contracter chaque muscle par l'intermédiaire du nerf moteur qui l'anime. Dans ce cas, une des électrodes est maintenue sur un point où le nerf moteur du muscle atrophié est superficiel, et l'autre soit sur le nerf lui-même, soit sur un point indifférent du corps. C'est toujours le pôle positif que l'on mettra ainsi en communication avec le tronc nerveux principal, Ce procédé forme ce que Duchenne a appelé la faradisation localisée indirecte. Je préfère la première, car le tronc nerveux est loin d'être toujours accessible, et d'ailleurs beaucoup de praticiens ont oublié suffisamment l'anatomie topographique pour ne pas retrouver les points d'élection où il conviendrait d'appliquer l'électrode positive.

La faradisation généralisée permet au médecin d'agir sur l'ensemble des nerfs périphériques : aussi la réserve-t-on pour les cas de polynévrites ou les cas d'affections nerveuses diffuses, avec amyotrophies consécutives, pseudo-tabès, etc. On se sert alors d'un pôle *fixe* négatif et d'un pôle *mobile* positif.

Le pôle fixe sera mis en communication avec les pieds du sujet isolés par une plaque métallique recouverte d'une flanelle mouillée ; le pôle mobile terminée par une éponge mouillée ou un petit balai en métal sera promené sur le sujet depuis la nuque, sur chaque moitié du dos, la poitrine, l'abdomen, le creux épigastrique et les membres pour terminer par la faradisation de la tête et des ganglions cervicaux. Pour la tête et notamment le cuir chevelu on se servira de la main comme d'une électrode.

Chaque séance variera de cinq à quarante minutes d'après la susceptibilité de chaque malade, moyenne quinze à vingt minutes. On insistera sur les points les plus douloureux.

Certains électrothérapeutes remplacent la faradisation généralisée par un bain dit bain électrique qu'il ne faut pas confondre avec le bain électrique de l'électricité statique. C'est un bain d'eau ordinaire pris généralement dans une baignoire de pierre dont l'eau est mise en communication avec les deux pôles d'une forte machine d'induction. Les effets physiologiques de cette sorte de bain ne sont pas encore assez connus pour qu'on doive le recommander de préférence à la faradisation généralisée telle que nous avons en donné un aperçu.

Le courant galvanique avec interruptions fréquentes et réglées à l'aide d'un métronome peut aussi remplacer la faradisation généralisée dans les cas ou ce mode d'électrisation est indiqué.

Dans ce cas, il faut appliquer l'électrode positive que l'on choisira très large sur une région indifférente, nuque, lombe ou sternum ; puis, avec l'électrode négative, suffisamment humectée on fera des frictions sur le muscle où le nerf que l'on se propose d'exciter en se servant d'un faible courant, cinq à six milliampères. Les contractions ainsi sollicitées sont énergiques et de forme ondulatoire.

Quel que soit le moyen employé pour le

traitement de l'atrophie musculaire par l'électricité, on n'obtient pas toujours de résultat. Il y a en effet des myopathies primitives, de même que des atrophies musculaires progressives qui sont au-dessus de ressources de l'art. Mais la paralysie pseudo-hypertrophique de même que la forme junévile d'atrophie muscu-laire progressive, décrite par le professeur Erb, traitées à leur début ont fourni des exemples de guérisons.

2° ATROPHIE CONSÉCUTIVE A UNE LÉSION DE LA MOELLE.
(*Myélopathie*).

Si l'atrophie est en rapport avec une lésion spinale, ou bien il s'agira d'une amyotrophie progressive (type Aran Du-chenne), ou d'un cas de polyomyélite anté-rieure qu'elle soit aigüe ou chronique, dans les deux cas l'indication est d'agir à la fois contre la lésion centrale et contre l'atrophie musculaire qui en est la suite.

Pour cela il faudra réveiller et entrete-nir la contractilité des fibres musculaires menacées ou envahies par l'atrophie, mais en même temps agir sur les centres ner-veux par la galvanisation de la moelle al-longée et du grand sympathique. Les deux procédés de faradisation et de galvanisa-tion sont donc ici employés. Pour le premier, j'ai dit dans le paragraphe précédent en quoi il consistait. Quant au second il consiste dans le passage d'un courant continu dans le sens de la longueur de la moelle depuis la nuque jusqu'à la naissance de la queue de cheval (2e et 3e vertèbres sacrée). Ce courant est sensé agir comme modificateur de la nutrition des tissus et des éléments anatomiques ; il procure souvent en effet une amélioration considérable dans les cas d'atrophie musculaire d'origine spinale. En général on commence par poser le réophore qui correspond au pôle positif au niveau de la nuque et celui qui est en communication avec le négatif sur la région sacrée, puis on intervertit l'ordre du courant en changeant les deux réophores de place.

Cette question du sens du courant a pour quelques électriciens une importance capitale. L'état actuel de la science ne permet pas encore de prendre parti dans la question et c'est pour tout concilier que nous conseillons l'interversion du courant, mais, si nous étions forcé de nous prononcer nous préférerions maintenir le pôle positif en rapport avec la nuque pendant toute la durée de la séance, vu que son action paraît avoir plus d'influence sur l'excitation et les modifications à obtenir au siège même du mal. C'est ce qu'on appelle le courant descendant, quant au courant ascendant

Lœwenfeld admet qu'il influence plus que son congénère l'état de réplétion des vaisseaux, ce qui lui fait attribuer une action différente au deux courants sur les centres vaso-moteurs de la moelle.

On peut aussi, en cas de foyer circonscrit des lésions spinales — ce que l'atrophie limitée à un ou à quelques muscles d'un membre fait découvrir — agir plus directement sur la région de la colonne vertébrale où l'on a des raisons de croire à l'existence d'un foyer soit, par exemple, sur le renflement cervical, ou le renflement dorsal. A cet effet, on place au niveau de ces renflements le pôle positif et le négatif en avant sur le sternum et on intervertit l'ordre des courants après quelques minutes de passage, comme nous l'avons indiqué plus haut, en changeant l'ordre d'application de chaque pôle.

Quant à l'intensité des courants continus qui, dans chaque appareil, sont ou doivent être réglés par un galvamomètre, il importe, pour le cas qui nous occupe, de ne pas dépasser 15 à 20 milliampères, ce que beaucoup trop de praticiens ont une tendance naturelle à faire.

Enfin, et je finis par là, si l'on veut galvaniser le grand sympathique, tout en laissant le pôle positif sur le rachis on appliquera le pôle négatif sur la région du cou et, après quelques minutes, on intervertira l'ordre des courants.

Pour toutes ces opérations, on aura soin d'employer de larges électrodes ce qui amoindrit la densité du courant et par conséquent les inconvénients de l'action électrolytique du courant continu.

3° ATROPHIE
DUE A UNE NÉVRITE PRIMITIVE (POLYNÉVRITE)

(Neuropathie).

Si le praticien trouve que l'atrophie soit le résultat d'une névrite périphérique diffuse ou circonscrite, que les neuro-pathologistes ont qualifiée de polynévrite, le traitement consistera à faire agir le courant faradique directement sur le siège présumé de la névrite primitive, mais si ce point ne peut être bien précisé et que l'on se trouve en présence d'une névrite périphérique diffuse, on recourera de préférence à la faradisation généralisée ou au bain faradique. Les deux méthodes sont mieux en rapport avec la diffusion des lésions nerveuses.

Quelques électrothérapeutes ont recours dans ce cas, à l'électricité statique particulièrement au procédé qualifié de bain électrique.

Erb, conseille, dans le traitement des

névrites, de recourir conjointement à l'é-
lectrisation périphérique, quelle que soit
la nature du courant, et à la galvanisation
de la moelle allongée par les procédés
cités plus haut. En somme on peut résumer le traitement des atrophies musculaires, considérées en bloc, par la formule
d'Hammond : « *Le meilleur mode de traitement consiste dans l'application du courant galvanique sur la colonne vertébrale
et du courant faradique sur les muscles atrophiés.* »

Il nous reste à indiquer le nombre et la
durée les séances du traitement électro-
thérapique.

Durée. — Elle diffère suivant la nature
de la lésion :

Galvani-
sation
{
Lésion spinale récente 2 à 4 m.
Lésion spinale à évo-
lution lente . . . . 8 à 10 m.
Polyomyélite anté-
rieure. . . . . 2 à 4 m.
}

Faradisation : 10 minutes environ dans
tous les cas.

Commencer le plus tôt possible, sauf
dans les cas de paralysies suite d'hémorrhagie cérébrale ou d'embolie où il est indiqué d'attendre plusieurs semaines avant
de recourir au traitement électrique.

Fréquence et nombre. — 2 ou 3 séances

au plus par semaine. Mais la durée générale du traitement sera très longue, notamment dans les atrophies à marche progressive qui ne durent pas moins de 3 à 4 ans. Erb, conseille une première cure de six mois à un an dans les cas récents. Pour les cas chroniques il engage à faire deux cures par an de 40 à 60 séances chaque, séparées par un intervalle de repos proportionné pendant lequel on mettra à profit le traitement dont il nous reste à parler.

COMPLÉMENT DU TRAITEMENT DES ATROPHIES MUSCULAIRES

Dans les atrophies musculaires d'origine myélopathiques, on a vanté à tort ou à raison les applications chaudes, soit sur le trajet de la moelle allongée par des boules d'eau chaude, des compresses, cataplasmes ou sachets de sables chaud, soit, d'une façon générale par des bains généraux répétés jusqu'à deux fois par jour. En même temps les mêmes moyens peuvent être employés directement sur les membres atrophiés. On peut aussi combiner les applications chaudes avec la faradisation localisée.

Parmi les remèdes pharmaceutiques, peu ont donné, je ne dis pas des résultats, mais même de simples espérances. Les seuls à retenir sont : en premier lieu, la strychnine qui dans les cas d'amyotrophies myélopathiques peut à l'intérieur et en injections sous-cutanées combattre la maladie. Mais ce médicament demande une grande prudence dans son emploi. Pour les cas d'atrophie myopathique l'injection sous-cutanée *loco dolenti* et les frictions à l'aide d'une pommade au sulfate de strychnine peuvent donner des résultats.

Dans les myélopathies anciennes l'iodure de potassium paraît indiqué, mais il faut le donner à hautes doses et son emploi prolongé n'est pas sans inconvénients, car il tend, comme on sait, à atrophier les glandes et faire maigrir les tissus.

L'ergot de seigle a été vanté par quelques médecins qui s'en sont bien trouvés. Je ferai à son sujet, les mêmes réserves que je viens de faire pour l'iodure de potassium bien que l'action physiologique de l'ergot ne soit pas la même.

On a beaucoup vanté également les révulsifs cutanés, lorsque la lésion de la moelle passe par une phase aiguë, comme dans la paralysie spinale infantile et dans certaines polyomyélites. Dans ce cas on obtient de sinapismes, de ventouses scarifiées, de pointes de feu de chaque côté et le plus rapprochées possible de la ligne des apophyses épineuses, d'excellents effets. C'est surtout, comme nous l'avons vu plusieurs fois à la clinique d'hydrothé-

rapie scientifique de Passy, la douche filiforme employée comme révulsif qui donne
les meilleurs résultats.

Enfin, lorsqu'on a affaire à des paralysies d'origine cérébrale, outre les purgatifs
drastiques employés en pareil cas, notamment le calomel ou l'aloès, on peut
donner des grands bains chauds avec compresses ou affusions fraîches, parfois applications de glace sur la tête qui sera
élevée et placée sur des oreillers de balle
d'avoine; air frais dans la chambre, boissons raffraichissantes et tout ce que comporte l'hygiène thérapeutique.

Ce n'est que lorsque tout trouble cérébral aura disparu que l'on entreprendra le
traitement de la paralysie et de l'atrophie
qui en est la conséquence.

Si l'atrophie musculaire était circonscrite, de cause locale, traumatique, articu-
laire ou consécutive à une maladie infectieuse, outre les *frictions*, la *gymnastique*,
le *massage*, et les *différentes applications de
l'électricité* énumérées ci-dessus, il conviendrait d'appliquer un *traitement général*
susceptible de relever et de stimuler la
nutrition de tout l'organisme et partant
des muscles atrophiés. Pour cela rien ne
vaut l'hydrothérapie générale aidée d'une
alimentation fortifiante, d'exercice au grand
air, d'huile de foie de morue, de quinquina
et d'amers sous toutes les formes. La noix

vomique et d'ailleurs les strychnos en particulier trouveront ici leur indication.

Dans cette étude du traitement des atrophies en général, nous n'avons pas cru devoir établir une différence entre les différents types des atrophies musculaires. Qu'il nous suffise de dire que la maladie d'Aran-Duchenne (Atrophie musculaire progressive) est la seule qu'on ait quelque chance d'enrayer dans sa marche lorsqu'on la traite convenablement à ses débuts.

Les paralysies pseudo-hyperthrophiques débutant par les membres inférieurs comportent également un pronostic relativement favorable en employant le même traitement. Mais si l'atrophie se porte sur les muscles dont le libre fonctionnement est indispensable à l'entretien de la vie, la mort peut arriver rapidement et directement, sans que le traitement puisse même la retarder dans sa marche fatale.

III

De la Chorée (*Danse de Saint-Guy*).

Névrose complexe à marche subaiguë ou chronique fréquente dans la jeunesse et caractérisée par des contractions musculaires involontaires, incessantes le plus souvent, et très irrégulières.

La chorée est générale ou partielle et dans ce dernier cas il peut y avoir hémichorée. Elle peut être hystérique, par conséquent nerveuse, mais elle peut aussi être due à l'arthritisme, à une intoxication par maladie infectieuse ou par le plomb. On a noté une chorée spéciale aux femmes enceintes. Enfin la chorée peut être symptomatique de tumeurs, de tubercules, etc., ou être anormale. Mais dans ces cas les troubles de la motilité diffèrent de ce qu'ils sont dans la chorée générale. C'est aux praticiens à établir le diagnostic. Quant au siège anatomique, pour les uns il serait dans la moelle (Chauveau, Longet, Carville, Paul Bert), pour les autres il serait dans le cerveau (Todd, Aitkin, Kirkes, etc.). Triboulet, Jaccoud, Cyon, Ziemssen et Elischer lui assignent une origine périphérique démontrée d'ailleurs par l'anatomie pathologique. Mais certaines expériences prouveraient aussi son origine cérébrale. Les deux origines peuvent être vraies, et comme les maladies infectieuses jouent aussi leur rôle dans l'étiologie de la chorée, cela va nous créer plusieurs divisions pour le traitement.

Si la chorée est symptomatique d'une lésion phlegmasique du cerveau, les antiphlogistiques sont naturellement indiqués; mais si elle dépend de l'irritation de l'intestin ou de quelque autre viscère, ne pouvant s'attaquer directement à la cause, le praticien sera réduit à combattre les symptômes.

Bouchut, qui admettait des chorées d'origine vermineuse, rhumatismale, anémique (chez les convalescents), dentaire (chez les jeunes gens de la deuxième enfance), voire même des chorées de cause morale, c'est-à-dire essentiellement nerveuses, s'attaquait directement à la cause du mal ; mais rien n'est moins démontré que ces causes de la chorée et d'ailleurs l'expérience a prouvé que le traitement devait pour réussir « être dirigé surtout contre la névrose elle-même. » (H. Huchard.) Il y a aussi des hémichorées qu'il faut se garder de confondre avec l'athétose ; tel était le cas d'une jeune fille de 16 ans présentée par M. le professeur Raymond à ses élèves à la Salpêtrière et qui déjà avait été présentée par M. Charcot. Cette hémichorée était une récidive d'une chorée de Sydenham. Elle ne réclama pas d'ailleurs d'autre traitement.

S'il y a des chorées de longue haleine, les cliniciens sont d'accord pour dire qu'en général, la durée de la maladie ne dépasse guère soixante-dix jours, alors même qu'il n'est fait aucun traitement. Il en résulte qu'on a parfois attribué la guérison à des remèdes inefficaces par eux-mêmes. Nous serons donc sobre dans la nomenclature de ceux-ci.

Cependant si la chorée est violente, qu'elle soit susceptible d'entraîner l'épuisement des forces, il faut absolument intervenir soit par la provocation d'un sommeil artificiel, soit par l'administration des opiacés portés rapidement à hautes doses ; on peut aussi se servir d'éther, de chloroforme ou d'autres anesthésiques. Trousseau ne craignait pas de porter la dose de 5 à 10 centigrammes de sulfate de morphine en vingt-quatre heures, ou une cuillérée à soupe de sirop d'opium (0,05) toutes les quatre heures, ce qui ferait 30 centigrammes de substance active en vingt-quatre heures. Mais Trousseau était connu pour exagérer les doses de médicaments

4.

et j'ai vu personnellement des menaces d'intoxication se produire à la suite de l'administration de ses hautes doses favorites.

On sait d'autre part la prudence qu'il faut apporter dans l'administration des opiacés chez les enfants.

Aujourd'hui, du reste, les médicaments hypnotiques remplacent volontiers l'opium et si l'on se croit obligé de donner la préférence aux alcaloïdes de cette dernière substance (sulfate ou chlorhydrate de morphine), il ne faut pas perdre de vue que ce sel s'administre de préférence par la méthode sous-cutanée.

Gassier, au lieu de se borner aux inhalations de chloroforme qui constituent un excellent hypnotique, emploie ce remède en frictions (1). Nous nous en tenons aux inhalations répétées plusieurs fois dans la journée avec MM. Géry et Grisolle, chaque fois que l'agitation choréïque est intense.

L'hydrate de chloral peut aussi être employé.

Il a été donné avec succès à la dose de 1 à 3 grammes par jour par Lorain, Bouchut, Verdalle etc., dans des chorées graves. Il est à remarquer que les enfants supportent beaucoup mieux le chloral que les adultes; c'est le contraire pour l'opium. Bouchut

(1) *Bulletin de thérapeutique*. 1850.

ne craignait pas de donner aux enfants, une heure après leur premier déjeuner, 3 grammes de chloral en une seule fois et de répéter cette dose deux heures après le dîner du soir.

Sous l'influence de cette médication les petits malades revenaient rapidement à la santé ou tout au moins la maladie perdait de sa gravité et revenait à une forme anodine sur laquelle le chloral n'a plus d'action.

La belladone, le datura, l'hyosciamine n'ont jusqu'ici donné aucun résultat. Cependant la teinture de chanvre indien (*Cannabis indica*) à la dose de V à X gouttes répétée trois fois par jour dans une potion appropriée paraît avoir eu quelques succès (Corrigan). Dans un cas de vieille chorée qui durait depuis dix ans, la guérison eut lieu au bout d'un mois (1).

Je ne dois pas omettre le bromure de potassium qui est le sédatif par excellence du système nerveux ; Gubler, Gallard, Jaccoud, Blache et mon maître Vulpian le donnaient entre 2 et 6 grammes par jour et constamment avec succès.

Je ne parlerai que pour mémoire de la fève du Calabar (ésérine) qui est un médicament très dangereux, malgré l'opinion de Bouchut et de plusieurs auteurs

(1) Villard. Thèse de Paris, 1870.

anglais. De même le curare et la curarine, la picrotoxine, l'aniline et son sulfate, sont des remèdes à mettre de côté. Peut être la strychnine de préférence à la noix vomique pourrait elle être employée. Cette substance avait du reste été nettement indiquée par Trousseau sous forme de sirop dans lequel il introduisait 5 centigrammes de sulfate de strychnine pour 100 grammes et en donnait 2 à 3 cuillerées à café en augmentant progressivement pour les enfants de 5 à 6 ans jusqu'à 100 grammes dans les vingt-quatre heures.

Nous croyons qu'il est prudent de se tenir bien au-dessous de ces doses. Mais pour les adultes on peut non seulement atteindre 100 grammes de sirop dans les vingt-quatre heures, mais aller toujours progressivement jusqu'à 150 grammes soit environ 75 milligrammes de sulfate de strychnine.

Il faut remarquer, que pour ce médicament comme pour beaucoup d'autres, la tolérance varie d'un malade à un autre, et il est un de ceux dont il faut redouter l'accumulation.

D'ailleurs son efficacité n'est pas toujours démontrée. Pour toutes ces causes son usage n'a pas prévalu dans la pratique courante. Il faut le réserver pour certains cas particulièrement rebelles.

J'aimerais mieux l'arsenic. soit sous

forme d'arséniate de soude (liqueur de Pearson) à la dose progressive de 2 à 10 milligrammes soit sous forme d'arsénite de potasse (liqueur de Fowler), soit encore en injections sous-cutanées (IV à V gouttes d'arsénite de potasse tous les jours ou tous les deux jours).

Les médecins anglais ont obtenu avec cette substance des amendements rapides chez les enfants cachectiques ou scrofuleux, tandis qu'elle échouerait chez les sanguins ou les nerveux.

L'arsenic du reste est un névrosthénique, il s'accumule plus particulièrement dans les centres nerveux que dans les autres tissus.

Le nitrate d'argent, que nous avons vu donner en pilules par Bouchut, n'a donné aucun résultat appréciable. Le tartre stibié qui avait été mis en usage par Laennec et les médecins de son temps et plus près de nous par Gillette, a été abandonné malgré une action incontestable sur l'intensité des troubles moteurs, mais l'anéantissement et l'anémie qui succédaient à son action l'ont fait proscrire de la thérapeutique moderne.

Par contre on a introduit dans ces dernières années l'antipyrine dans la chorée de Sydenham chez les enfants (Raymond, *Leçons orales*).

On a aussi donné le sulfate ou le bromhydrate de quinine comme tonique vaso-moteur et de la moelle, la vératrine et le salicylate de soude dans les chorées rhumatismales, le sulfate de zinc à la dose de 2 à 60 centigrammes par jour (Barlow), l'iode et particulièrement l'iodure de potassium lorsque domine le lymphatisme, le nitrate d'amyle en respiration pendant l'attaque, tous les antispasmodiques connus *valériane, asa fœtida, musc, castoréum,* etc.

Mais c'est dans la médication externe que (à part les grandes crises) on trouvera les meilleurs moyens d'action. Je ne parlerai pas des vésicatoires, des ventouses, des frictions stimulantes, des révulsifs intestinaux, des bains sulfureux, je ne veux retenir dans cet ordre que les pulvérisations d'éther qui ont donné de réels succès.

Mais j'insiste plus particulièrement sur l'aquapuncture, l'électricité, les bains froids de rivière, de mer, l'hydrothérapie et la gymnastique.

a) L'*aquapuncture.* Mieux que les vésicatoires et avec moins de douleur et d'ennuis l'aquapuncture pratiquée sur la nuque et la colonne vertébrale agit indirectement sur les centres nerveux en déterminant une révulsion dans leur voisinage.

b) L'*électricité galvanique* en courants, soit ascendants faibles (Remak), soit de préférence descendants (Onimus et Legros), pendant une durée de une à trois minutes, diminuent l'excitabilité réflexe de la moelle mieux que ne le pourrait faire la métallothérapie ou les armatures métalliques qui ont aussi été employées (Burq, Bouchut).

c) Les *bains froids* ne sont que des variétés d'hydrothérapie et agissent à peu près de la même façon.

d) L'*hydrothérapie* agit par ses propriétés sédatives et toniques (Fleury) et par la perturbation qu'elle apporte momentanément dans le système nerveux. La douche froide, le drap mouillé ont l'un et l'autre donné des succès. Je préfère de beaucoup la douche ; c'était l'avis de Fleury qui avait sur ce sujet une vaste expérience. En tout cas il faudrait faire des réserves dans le cas où il y aurait à craindre des manifestations rhumatismales. Encore pourrait-on élever dans ce cas la température de la douche.

e) Enfin la *gymnastique* seule ou associée aux autres méthodes de traitement est de tous les moyens externes le meilleur qu'on puisse opposer à la chorée. Elle corrige jusqu'à un certain point les habitudes vicieuses du système musculaire ; elle soumet les contractions irrégulières à une discipline régulière ; elle active en même temps la nutrition, augmente la puissance de la musculature et tonifie le sujet par son action générale.

C'est ainsi que les mouvements cadencés comme le saut à la corde, la dánse, la gymnastique rythmée, la marche au son du tambour ou du clairon, les haltères, le soulèvement des poids en cadence, l'extension et la flexion des membres en mesure ; tout ce qui en un mot consiste à faire prédominer chez les malades lés mouvements volontaires sur les mouvemements involontaires, sera d'une grande utilité dans les chorées légères comme dans les chorées invétérées (1).

On joindra bien entendu à ces soins une bonne hygiène, úne alimentation azotée, le séjour à la campagne, l'écartement de tout souci comme de travaux intellectuels fatigants, quelques distractions, promenades, en évitant la fatigue, enfin des préparations de fer et de quinquina.

(1) BLACHE, *traitement de la chorée par la gymnastique* (Bull, de l'Ac. de méd. 1853-54). *Guérison rapide d'une chorée grave par le massage et la gymnastique.* (Gaz. hebdom. 1864.)

IV

De l'épilepsie.

L'épilepsie est une maladie essentielle-ment chronique caractérisée par des accès convulsifs intermittents généraux avec perte de connaissance, ou par des mouve-ments convulsifs partiels. D'où deux grandes divisions pour la thérapeutique :
a) l'épilepsie générale ou mal comitial ;
b) l'épilepsie partielle.

DE L'ÉPILEPSIE GÉNÉRALE

L'épilepsie peut aussi être idiopathique ou symptomatique. Elle peut également accompagner l'aliénation mentale, ou donner lieu à des états mentaux passagers. D'où naturellement une thérapeutique spéciale pour les deux états. Contre l'épi-lepsie symptomatique générale ou s'atta-quera à la lésion primitive. C'est à ce propos qu'on pourra proposer la trépana-tion qui paraît dans les cas de traumatisme avoir réussi quelquefois, mais qui hors les enfoncements ou fractures du crâne, échouera presque fatalement. C'est ainsi qu'elle a été tentée sans succès dans la syphilis cérébrale.

Mais si, ayant au préalable traité avec succès l'état morbide, chirurgical ou médical, auquel se rattache la névrose sympathique ou réflexe, on aura quelques chances de voir l'intervention chirurgicale réussir admirablement ; mais il ne faut pas en abuser et il faut toujours tenir compte de l'ancienneté de la maladie.

Malheureusement on ne peut toujours remonter à l'étiologie de l'épilepsie (1) et alors il faut s'attaquer directement à la névrose. On puisera donc sa thérapeutique dans la matière médicale aidée de l'hygiène. Il n'y a guère de médications qui n'aient été employées : antispasmodiques d'abord, puis, suivant les idées régnantes, antiphlogistiques, révulsifs cutanés, purgatifs, vésicatoires, cautères, sétons, etc.

Il est certain qu'en présence d'un sujet pléthorique en état de crise, la saignée ou les sangsues derrière les oreilles ne peuvent qu'être favorables. Mais, dans tout autre cas, il faut s'en abstenir ; on pourrait aussi décongestionner la tête par un lavement fortement purgatif. Quant aux drastiques purgatifs l'effet est trop long à se produire pour en obtenir un résultat immédiat, mais dans l'intervalle des crises ils peuvent trouver leur emploi, ainsi qu'un régime débilitant, amylacé, avec abstention de liqueurs, de café, de vin.

(1) Voir à ce sujet un excellent travail de MM. Marinesco et P. Sérieux : *Essai sur la pathogénie et le traitement de l'épilepsie*, Mém. de l'Acad. de méd. de Belgique. T. XIV, 2e fasc., 1895.

Si, au contraire, l'épilepsie s'accompagne d'un état anémique, on aura recours à un régime azoté, à des toniques associés à la série des médicaments narcotico-âcres, jusquiame, belladone, hyosciamine. L'opium et la morphine trouvent plus rarement leur application. Cependant ils peuvent rendre des services dans les cas d'épilepsie réflexe. Il en est de même du chloral.

La valériane ou ses préparations, l'oxyde de zinc ont aussi leurs propagateurs. Ce dernier médicament a été surtout recommandé par Herpin (de Genève), à la dose 10 à 80 centigrammes par jour pour les enfants et 5 à 6 grammes pour les adultes.

La quinine trouve aussi son indication quand les accès sont périodiques. Je ne dirai rien des spécifiques qui font surtout la fortune des charlatans. Cependant j'ai vu quelques résultats obtenus avec le sélin des marais, qui a du moins le mérite d'écarter les crises quand il y a un nombre considérable d'accès, mais je n'ai pu suivre les malades assez longtemps pour constater des guérisons véritables.

Le sulfate de cuivre ammoniacal ne produit également que des résultats incomplets. La picrotoxine, vantée par M. Planat, a paru donner de grandes espérances. On commence par II gouttes de teinture à prendre avant les repas et on augmente successivement de I goutte chaque fois jusqu'à LX gouttes ou 3 grammes dans les vingt-quatre heures.

La haute autorité du regretté Dujardin-Beaumetz donne de la valeur à cette médication.

La digitale a été employée comme modificateur des fonctions circulatoires (Duclos, de Tours). Elle paraît diminuer le nombre et l'intensité des accès.

Mais rien ne vaut encore, dans l'intervalle des crises, le bromure de potassium que l'on peut également associer à la digitale.

Seul, il suffit déjà en raison du brome qu'il contient à modérer la force excito-motrice du bulbe. Il réussit, du reste, aussi bien dans l'épilepsie symptomatique, l'éclampsie et toutes les convulsions en général. Son action se fait également sentir sur les attaques vertigineuses ou psychiques, et s'il ne les guérit pas toujours d'une façon absolue, il modère l'insensité des attaques et en diminue la fréquence plus sûrement que tous les médicaments dont nous venons de parler.

Mode d'emploi. — Pour favoriser l'accoutumance et conjurer les accidents de *bromisme*, il faut commencer par une dose faible, 2 grammes par jour, en augmentant de 1 gramme tous les cinq à six jours, plus même s'il est bien supporté. On ne doit pas craindre de pousser son emploi jusqu'à 8 à 10 grammes par jour en ayant soin toutefois de fractionner les doses parce que, s'éliminant rapidement, le bromure n'aurait pas le temps d'impressionner le système nerveux d'une façon constante. (Ch. Féré).

On le donne de préférence au moment des repas. M. Huchard, qui est aussi un partisan du système bromuré, recommande dans les accès nocturnes de donner la plus forte dose vers le soir.

Les autres bromures (sodium, ammonium, etc.,) sont moins sûrs, quoique ayant aussi une action marquée contre le mal comital, mais on peut souvent les associer avec succès.

Dans l'épilepsie symptomatique, lorsque le médecin peut remonter à la cause productrice de l'irritation des nerfs périphériques ou des centres nerveux : blessure, séjour d'un corps étranger, tumeur, cicatrice vicieuse, etc., outre la trépanation, dont nous avons déjà parlé, M. Huchard recommande la ligature, la section ou l'élongation des nerfs des membres qui ont été le siège de l'*aura*. Mais il faut bien se garder d'amputer un membre, quelque petit qu'il soit, comme cela a été fait pour le petit doigt, par un chirurgien de province, amputation qui n'a en rien modifié

les accès d'épilepsie et qui a privé le
le malade de son doigt.

Traitement des attaques. — Nous avons
déjà dit que pendant l'attaque on pouvait,
le sujet étant reconnu pléthorique, le saigner ou poser des sangsues aux apophyses
mastoïdes. De même on peut agir sur
l'intestin par un lavement fortement purgatif. Mais en définitive ces cas sont rares,
et il n'est pas toujours facile de saigner
pendant la période convulsive. On peut se
contenter de comprimer les carotides, par
ce moyen si on n'arrête pas l'accès on en
modérera l'intensité.

Mais le plus sûr est de recourir aux
inhalations de chloroforme, d'éther, ou de
bromure d'éthyle, qu'on ne doit pas craindre
de pousser jusqu'à l'anesthésie (Bourneville et d'Olier). Parfois l'inhalation d'ammoniaque pendant la période comateuse
en abrège la durée.

Le nitrite d'amyle en inhalation au début de l'accès a donné de très bons résultats à S.-W. Mitchell, Chricton-Browne et
Mc. Bride, en dilatant les vaisseaux encé-
phaliques spasmodiquement contractés.
Il diminue la température et la fréquence
des accès. M. Bourneville en conseille
l'usage quotidien régulier toujours à la
même heure.

Le *curare* en injections sous-cutanées à

la dose de 15 à 20 centigrammes a été conseillé par Voisin et Liouville contre le délire maniaque qui suit le coma.

Wildermuth a recommandé l'emploi du drap mouillé, Krug et Lemoine l'hydrate de chloral par la voie gastrique ou rectale dans l'intervalle des accès. On peut aussi enrayer, prévenir les accès épileptiques par une ligature appliquée sur la partie d'où s'élève l'aura initial. Ce serait moins grave en tout cas qu'une amputation. La compression manuelle suffisamment prolongée sur la même partie peut donner le même résultat.

La compression à l'aide de bandes peut se faire sur le bras ou la jambe quand ces membres sont le siège de l'aura ; on a vu la compression échouer tout en produisant un phénomène de transfert de l'aura qui continuait par une autre route sa marche plus ou moins rapide vers le cerveau.

La glace sur le trajet de la colonne vertébrale, ou sur la région précordiale dans le cas d'aura cardiaque a aussi été recommandée. (Delasiauve.)

Si l'aura part de l'épigastre, la douche épigastrique peut le faire avorter si on a le temps de l'administrer.

Enfin les courants continus descendants ont un effet sédatif utile.

Le plus souvent le médecin, appelé quand l'accès bat déjà son plein, n'aura qu'à surveiller le malade, le contenir, le préserver des coups ou des chutes et de placer la tête dans une position favorable à l'expulsion de l'écume et des mucosités buccales ou laryngiennes. Les révulsifs sont plus particulièrement indiqués dans le coma prolongé, avec application d'eau froide sur la figure.

Priestnitz refusait de traiter les épileptiques. Si dans les épilepsies anciennes et graves, paraissant se rattacher à une lésion organique du cerveau, l'hydrothérapie n'a pas paru donner un grand résultat, Fleury, Becquerel, le Dr Bourgogne, de Condé, et nous-même avons obtenu des guérisons dans les épilepsies récentes développées sans causes appréciables avant l'âge de la puberté, ou produites par des émotions morales, des écarts de régime, de coït, de masturbation, de boissons alcooliques, par deux douches générales en pluie et en jet par jour d'une minute de durée, avec douches céphaliques en éventail, douches vertébrales en jet et douches révulsives énergiques sur le bassin et les membres inférieurs (1).

Moyens hygiéniques. — Avant tout, pour

(1) FLEURY. *Traité thérapeutique et clinique d'hydrothérapie* 4e éd 1894 et *Cliniq. de Plessy-Lalande* 1868 1er fasc. p. 52.

VERRIER-PASCAL *Précis d'hydrothérapie scientifique*, 2e éd. 1895.

obtenir le calme du système nerveux et l'apaisement de la motricité, il faut proscrire toutes les boissons alcooliques. (Delasiauve).

Il faut aussi éviter les plaisirs, spectacles, courses, jeux où l'argent est engagé, en un mot procurer le repos aux sens aussi bien qu'à l'esprit.

L'isolement des affaires est un bon adjuvant du traitement.

La vie au grand air, à la campagne, un exercice modéré, une nourriture proportionnée au tempérament du malade (amylacée ou azotée suivant les cas), la gymnastique si l'on est à proximité d'un établissement, tels sont les prescriptions hygiéniques les plus importantes.

Si l'on ajoute à cela les bains, les frictions et l'hydrothérapie générale, non comme traitement, mais comme reconstituant chez les malades anémiés, on aura réuni toutes les indications d'une médication réellement utile et avantageuse, qui, si elle ne réussit pas dans tous les cas, aura pour elle l'approbation de tous les médecins instruits et consciencieux.

DE L'ÉPILEPSIE PARTIELLE OU JACKSONNIENNE.

L'épilepsie partielle est toujours symptomatique. Elle est caractérisée par des convulsions débutant par un membre ou un segment de membre, quelquefois par un côté de la face et, de son point de départ, elle s'étend progressivement à la moitié du corps. Il est rare qu'elle donne lieu à la perte de connaissance, comme le fait l'épilepsie générale.

Le diagnostic de la lésion est généralement facile, parce que lorsqu'un centre quelconque est atteint il réagit toujours dans le même sens, quelle que soit la lésion point de départ de l'irritation. Ainsi si la lésion porte sur le tiers moyen du sillon de Rolando, c'est le membre supérieur qui sera atteint. Si elle porte sur le tiers inférieur ce sera la face (facial supérieur et inférieur). Enfin si la lésion porte sur le tiers supérieur du même sillon et sur le lobule paracentral ce sera le tour du membre inférieur. Que ce soit une tumeur maligne, une gomme, un tubercule ou un caillot suite d'apoplexie, ce sera toujours la même chose.

Cette localisation précise permet de faire entrer la trépanation dans la thérapeutique de l'épilepsie partielle. Quant à la thérapeutique strictement médicale, elle varie d'après les cas.

Si l'épilepsie jacksonnienne accompagne une paralysie générale, on emploiera les révulsifs, l'aquapuncture, les vésicatoires, parfois les pointes de feu et à l'intérieur la médication bromurée.

Bromure de potassium . } *áá* 10 grammes.
   —   de sodium .
   —   d'ammonium...   5   —
Eau distillée............   500   —

Soit un gramme de principe bromuré par cuillerée à soupe.

On peut en donner de deux à quatre cuillerées et même huit cuillerées dans les vingt-quatre heures. On peut donner concurremment l'opium à l'intérieur, 5 à 10 centigrammes par jour, ou bien alterner les médicaments, les suspendre et reprendre le traitement après un repos d'un mois.

S'il y a tuberculose, établir le traitement habituel de cette diathèse tout en donnant le polybromure.

Si c'est la syphilis qui est en cause, donner concurremment au bromure de potassium l'iodure de la même base à la dose également de 6 à 8 grammes par jour, y joindre des frictions à l'onguent napolitain dans l'aisselle et le pli inguinal tous les jours pendant 15 à 20 jours — ne pas négliger ce traitement d'épreuve en cas de doute — *natura morborum cura-tiones ostendunt.*

Enfin pour l'intervention chirurgicale on n'oubliera pas que la trépanation est indiquée dans l'épilepsie partielle sympto-matique :

a) d'une tumeur cérébrale ;

b) d'une lésion traumatique.

Quant à l'épilepsie due à une lésion périphérique, ce n'est pas la trépanation qui est indiquée, mais une autre opération qui dépendra de l'intensité et du siège de la lésion.

Pour les opérations à pratiquer sur le crâne et sur le cerveau, grâce aux procédés vigoureux d'antisepsie, il n'y a plus à craindre d'infection consécutive.

Ce que nous avons dit à propos des localisations explique la direction qu'il faudra donner aux recherches, et quant au procédé opératoire je conseille de s'en rapporter aux instructions de M. Poirier pour les points de repères crâniens. (Voir th. de Paris, Ch. Siguier. 1895.)

On se conformera pour l'hygiène à ce que nous avons dit à propos de l'épilepsie générale.

V

De l'Hystérie.

*Traitement prophylactique, hygiénique
et moral.*

Règle générale : Favoriser le développement physique aux dépens du développement moral et intellectuel. Proscrire la vie oisive, la solitude, la contemplation, les émotions, les pratiques religieuses exagérées, l'exaltation qui en est la suite, la lecture de certaines poésies et de certains livres, les superstitions, quelquefois la musique.

Les anciens croyant que l'hystérie avait son siège dans l'utérus prescrivaient le mariage aux jeunes filles hystériques. Mais aujourd'hui qu'on sait que l'utérus n'est pour rien dans la production de cette névrose, que les hommes eux-mêmes fournissent des sujets à l'hystérie, on ne recommande plus le mariage ; ce serait plutôt le contraire, car l'hystérie peut être engendrée par le mariage lui-même : l'abus est prouvé par les prostituées parmi lesquelles on rencontre pas mal d'hystériques. Il faut dans le mariage que les époux soient assortis moralement et physiquement (ce qui est assez difficile) ; il faut aussi que le nombre d'enfants ne soit pas trop considérable et surtout que les couches ne soient pas trop rapprochées. Avis aux maris.

D'autre part on combattra la chloro-anémie ; on s'opposera au surmenage ; on placera le ou la malade dans de bonnes conditions hygiéniques sous le rapport de l'alimentation et de l'espace ; il ne faut pas que l'air de l'habitation soit confiné.

Autant que possible on veillera à ce que la malade change de milieu, qu'elle sorte surtout de celui où la maladie a pris nais-sance. On évitera l'encombrement des malades dans la même salle, en raison de la contagion imitative.

Quant au traitement moral, on peut me-nacer la malade, si c'est une jeune fille, de la mettre au couvent, de lui faire subir une opération. Le rire comme les émotions sont contagieux ; cette dernière vérité est prouvée par les miracles ; quelquefois la suggestion est poussée si loin que des pilules de mie de pain ont suffi pour guérir des malades (Boërhave). L'apparition du médecin dans la chambre de la malade a souvent produit le même effet.

Traitement pharmaceutique. — Il est très incertain. Il faut beaucoup de persévé-rance, de tâtonnement, en raison de l'idiosyncrasie spéciale à chaque malade et si variable dans l'hystérie. C'est ainsi qu'on a vu la valériane produire chez certaines personnes hystériques le même effet que l'opium. On a vu aussi une hystérique ne pas supporter une goutte de laudanum, tandis que d'autres en prennent jusqu'à 100 gouttes et en lavement ! D'une façon générale on remarque chez les hystériques une sorte d'immunité et de résistance pour les fortes doses de médicaments; il y a comme une espèce d'atonie du tube digestif.

La thérapeutique de la neurataxie (Axenfeld) est la même que pour la neurasthénie. Gendrin donnait à ses malades des doses progressives d'opium (Acad., 11 août 1840). Mais il faut éviter la morphinomanie chez les hystériques.

Il est important de bannir les excitants du traitement des hystériques. Les antiphlogistisques seront réservés pour les cas de diathèse hémorragique, ou encore dans des accidents congestifs, ou pour rappeler les règles en cas de suppression ou pour les suppléer.

On donnera aussi des adoucissants : bains tièdes, lavements émollients, des antispasmodiques (ils soulagent momentanément), des stupéfiants, opium (Sydenham, Hoffmann, Boërhave, Gendrin, Briquet), en second lieu les narcotico-âcres : belladone, etc., etc.

Les bromures ne valent pas dans l'hystérie ce qu'ils valent contre l'épilepsie; mais dans les grandes attaques d'*hysteria major* le bromure de potassium peut être donné à haute dose (Bernutz).

L'hydrate de chloral, le valérianate d'atropine, les inhalations de chloroforme, etc., ont été tour à tour employés avec succès.

Parmi les révulsifs, les frictions sèches et médicamenteuses sont recommandées. Parmi les rubéfiants; ce sont les vésicatoires, la cautérisation transcurrente que l'on emploie quand il survient des accidents.

Il est bon d'éviter les vomitifs et les purgatifs drastiques.

La plus précieuse conquête de la médecine moderne contre l'hystérie est, de l'aveu général, l'hydrothérapie qui combine les effets stimulants, calmants, révulsifs, d'après la manière d'administrer la douche, la pression, la température, la distance, etc.

Traitement des accidents. — L'expectation vaut mieux que le trop d'énergie. Il faut tenir compte de l'influence de l'imagination sur le moral et sur les symptômes. D'une façon générale, toutes les médications douloureuses accroissent l'excitabilité. Il ne faut pas accorder trop de créance aux doléances des malades.

Employer de préférence les moyens simples ; réserver l'intervention énergique pour les cas graves et attendre plus de la médication générale que des remèdes locaux.

Il va sans dire qu'on éloignera toute cause de trouble ; si le cas se complique de vomissements, le lavage de l'estomac suivi de la faradisation seront mis à contribution. Enfin si les accès se représentent quotidiennement ou d'une façon périodique, il faudra avoir recours au sulfate de quinine.

Traitement de l'attaque convulsive. — Il faut avant tout relâcher les vêtements. Cruveilher conseillait de faire boire à la malade quelques verres d'eau froide ; je préfère appliquer l'eau froide à l'extérieur, soit en flagellant la figure avec une serviette mouillée, soit en aspergeant la face et la poitrine découverte à l'aide de la main. Sur le point de départ de l'aura (creux épigastrique ou ovaires), appliquer des topiques calmants, le courant continu ou l'étincelle électrique tirée d'une machine statique. Lorsque l'aura débute par les membres, ce qui est rare, on pourra avoir recours à la ligature.

Au début de l'attaque on peut aussi faire des inhalations de chloroforme ou d'éther, on en sera toujours satisfait.

6.

Quant à l'asa fœtida, au castoréum, leur ancienne réputation n'est pas justifiée ; ils sont très peu efficaces. Mais les inhalations de nitrite d'amyle, recommandées par Bourneville, arrêtent généralement l'explosion de l'accès. Le bromure d'éthyle et la constriction du larynx donnent aussi de bons résultats.

Mais le meilleur moyen pour faire cesser l'attaque, moyen recommandé par Charcot et employé depuis longtemps, c'est la compression de l'ovaire ou des zones hystérogènes. On peut aussi employer sur la région ovarique, un vésicatoire volant extemporané (ammoniaque), une vessie de glace ou des pulvérisations d'éther qui sont des moyens préventifs qu'il ne faut pas négliger.

MM. Bourneville et d'Olier préfèrent le bromure d'éthyle au chloroforme comme moins dangereux.

La compression du larynx avait aussi été préconisée par Guéneau de Mussy pour les cas où l'aura hystérique ne part pas de l'ovaire ou qu'on ne trouve pas de points hystérogènes.

Voici la progression suivie depuis le xvie siècle pour le système de la compression.

Au xvie siècle, Marcadet plaçait une pierre sur le ventre ; au xviie, Willis comprimait l'abdomen (c'était l'époque des convulsionnaires de Saint-Médard) ; au xviiiᵉ, Boërhave se servait d'un coussin et d'une ceinture pour faire la compression, au xixᵉ, Récamier faisait asseoir une personne sur l'abdomen de la malade; mais jusque-là on ignorait le point de départ exact de l'aura.

C'est à Négrier, d'Angers, que revient l'honneur d'avoir proposé en 1858 de comprimer directement l'ovaire avec la main. Depuis, MM. Poirier, Ballet, Féré ont inventé des tourniquets pour comprimer l'ovaire. Charcot à remis la compression directe en honneur, mais l'action de celle-ci n'est que suspensive et, dès qu'on cesse la compression, l'attaque reparaît.

Le tourniquet pare bien à cet inconvénient, mais il est susceptible par la durée d'une compression brutale de déterminer des accidents péritonéaux. MM. Liouville et Debove l'ont pourtant vu faire disparaître l'aphonie et le mutisme hystériques.

Chez l'homme hémianesthésié, la compression du testicule du côté de l'anesthésie arrête aussi l'accès hystérique.

Je représente la thérapeutique curative de l'hystérie sous forme d'un triangle équilatéral dont chaque angle forme comme un trépied qui correspond, celui du sommet à la métallothérapie, les deux autres à l'électricité et à l'hydrothérapie.

Un mot en finissant sur ces trois médications : les trois agents dont je viens de parler sont souvent désignés sous le nom d'*esthésiogènes*, c'est à dire de modificateurs nerveux périphériques.

Le premier d'entre eux, désigné sous ce nom par le Dr Burq, est un métal quelconque appliqué d'abord sur la peau et, plus tard, par extension, à l'intérieur. Ces applications que leur auteur désignait sous le nom de *métalloscopie, métallothérapie*, avaient eu déjà une certaine réputation dans l'antiquité, et c'est en constatant l'immunité des ouvriers en cuivre dans une épidémie de choléra que Burq s'est cru autorisé à reprendre des expériences qui ont trouvé un écho à la Société de biologie.

Il est certain que chez les hystériques amyosthéniques et anesthésiques, l'application de métaux sur la peau pendant quelques minutes provoque le retour de la motilité et de la sensibilité cutanée et sensorielle, et comme chacune d'elles a une aptitude spéciale pour un métal de préférence aux autres, ce métal est dit *actif*, tandis que les autres étaient qualifiés par Burq de neutres ou indifférents. Quelquefois pourtant on trouvait des malades qui avaient de l'affinité pour deux ou plusieurs métaux : d'où le bimétallisme ou le polymétallisme. Malheureusement il y a beaucoup de faits qui ne confirment pas les prémisses posées par le Dr Burq.

Quant à la métallothérapie interne, elle présente encore plus d'incertitude et d'irrégularité.

Les expériences de la commission nommée à cet effet par la Société de biologie ont fait ressortir des premiers travaux de M. Burq l'existence d'une transposition possible de l'anesthésie, de la parésie, des douleurs et autres troubles divers existant, du côté malade sur le côté sain. L'on a donné à ce phénomène le nom de transfert ; M. Luys l'exécutait avec un aimant, mais la simple suggestion suffit chez une hystérique pour produire le transfert. Luys allait plus loin, mettant en communication à l'aide d'un aimant en fer à cheval le côté malade d'un sujet avec le côté sain d'un autre sujet, mais hystérique, il transférait la maladie du premier au second et guérissait ensuite celui-ci par la suggestion.

Toutes ces expériences auraient besoin d'être refaites et contrôlées par une commission de savants pour prendre rang dans la science. Il en est de même pour les autres effets du burquisme.

Certains médecins, se suggestionnant eux-mêmes, avaient cru pouvoir appliquer les phénomènes métalloscopiques à l'explication de l'action des eaux minérales sur l'organisme. Cette question reste à reprendre également en entier. Elle a été, du reste, combattue par des hommes d'un

grand mérite, à la tête desquels se trouvait Briquet dont le livre sur l'hystérie fait
encore autorité.

La seule chose pratique et raisonnable
que la thérapie nerveuse puisse re-
tirer de ces études, c'est que la métallothérapie sous ses diverses formes agit
comme agent modificateur du système
nerveux périphérique, mais que, sous ce
rapport, elle est de beaucoup inférieure
au point de vue thérapeutique à l'électricité et à l'hydrothérapie.

D'ailleurs, et avant d'aborder l'étude de
ces deux dernières médications, il n'est
pas sans importance de dire que les métaux ne sont pas les seuls esthésiogènes qui
aient été employés à l'extérieur : les plaques d'os, le collodion, la chaleur, la ru-
béfaction et en général toutes les excitations cutanées diverses produisent des
résultats analogues. Le bois lui-même a
donné lieu à tout un système qu'on
appelle la *xylothérapie*, et comme pour les
métaux on reconnaît des bois actifs parmi
lesquels le quinquina, le tuya, le bois de
rose, l'acajou, le noyer, le pommier, etc., et
des bois neutres ou indifférents tels que le
peuplier, le palissandre, le sycomore
(Dujardin-Beaumetz). Le jaborandi et la
pilocarpine, qui en est le principe actif,
ont donné au professeur Grasset et à
M. Huchard, en injections sous-cutanées,
des résultats analogues.

Enfin la musique, par les vibrations qu'elle exerce sur l'appareil auditif, de même que les bruits violents comme celui produit par le gong, le canon, ou un coup fortement frappé à l'improviste, etc., ont une influence favorable ou néfaste suivant le genre de musique, le rythme et le choix du moment sur les hystériques. Il n'est pas jusqu'à la coloration des verres de la chambre d'une malade qui n'influe sur sa santé. Etant donné le calme que procure le jaune dans certain cas d'excitation chez des aliénés, il serait à désirer de voir reprendre et suivre avec soin l'étude de l'influence des diverses couleurs dans l'hystérie.

Électricité. — Je ne puis pas entrer dans les détails de la technique des divers procédés d'électricité. Qu'il me suffise de dire que c'est là certainement un des moyens les plus puissants pour combattre certains phénomènes hystériques, mais que, cependant, dans le traitement général de l'affection, il doit encore céder le pas à l'hydrothérapie.

La première idée d'application de l'électricité remonte à une haute antiquité. On faisait alors usage de la pierre d'aimant dont les propriétés magnétiques étaient connues ; mais les charlatans s'étant emparés de ce procédé de soulagement, les médecins l'abandonnèrent et il fallu toute l'autorité de Charcot, de Debove et de

quelques autres pour réhabiliter l'emploi
de l'aimant dans la thérapeutique.

D'une façon générale, les résultats obtenus par l'aimant en thérapie nerveuse sont
plus marqués et plus durables que ceux
des agents esthésiogènes. On peut les com-
parer à ceux que donnent l'électricité statique dont nous nous occupons plus loin.

Les troubles de la sensibilité, les anesthésies générales ou partielles, les hémianesthésies, les troubles de la motilité, les
contractures et jusqu'aux troubles oculaires peuvent être justiciables de l'aimantation (1). On reproche cependant à l'aimant
de produire des contractures, des crises
hystériques, cataleptiques, mais l'électricité n'en produit-elle pas aussi? Ce ne
serait donc pas une raison pour proscrire
l'aimantation, comme le voudrait M. le
professeur Jaccoud ; cependant, pour mon
compte, je donne la préférence à l'électricité statique. j'en dirai autant pour les
électro-aimants et les solénoïdes.

A quoi sert-il d'employer des procédés
thérapeutiques inférieurs quand on en a
d'excellents à sa disposition ?

On sait qu'à part les métaux et les aimants,
il y a trois sortes d'électricités : l'électricité
statique employée et étudiée surtout par
Franklin, de là son nom de franklinisation ;

(1) P. JANET. *Etat mental des hystériques*, 1892,
25/26 — 200.

l'électricité de pile ou l'électricité galvanique, du nom de Galvani, son inventeur (on l'appelle aussi courants continus), et l'électricité faradique d'après les propriétés des courants d'induction découverts par Faraday. Nous commencerons par la première.

Électricité statique. — Après avoir été très employée, l'électricité statique avait été presque complètement abandonnée depuis la découverte de la galvanisation. Arthuis, Huguet de Vars, et surtout Charcot par ses recherches sur l'électro-diagnostic dans l'hystérie ont contribué à la remettre en honneur. Elle est pratiquée en grand à la clinique des maladies nerveuses de la Salpêtrière par M. Vigouroux, M. Huet et M. Boehler.

Les appareils varient de forme et de système, mais ils se réduisent en principe à la machine à frottement de Nairn qui donne l'électricité positive et l'électricité négative. Celle de Holtz, sous un volume réduit, donne de plus grande quantité d'électricité. La machine de Carré, de Chardin, est tout à la fois d'une grande puissance et d'une forme élégante pour le cabinet d'un praticien.

On ne se sert guère en médecine de la bouteille de Leyde ; cependant, comme condensateur on pourrait l'utiliser et on obtiendrait alors les mêmes actions physiologiques qu'avec les courants induits de Faraday.

Généralement, contre l'hystérie en particulier, on se sert du bain électrique et des étincelles. Le bain électrique paraît avoir un effet sédatif utilisable chez les hystériques excités. Pour le donner, on place le malade sur un tabouret isolant et on le met ensuite en communication avec les conducteurs de la machine.

Le corps se charge d'électricité dont une partie se répand à sa surface et l'autre s'écoule par les cheveux, les extrémités des doigts, du nez, etc.

Pour obtenir des étincelles, le malade est placé près de la machine, sans qu'il soit besoin de l'isoler avec le tabouret de verre. En approchant les parties malades des conducteurs métalliques de la machine, mise en mouvement, il en sort des étincelles qui se répandent sur les parties exposées à leur action et soulagent le patient.

On peut combiner les deux procédés et tirer ainsi des étincelles pendant le bain. Quant à la bouteille de Leyde, j'estime qu'il vaut mieux employer la faradisation. Du reste son effet physiologique est loin de calmer et ne saurait convenir dans le cas dont nous nous occupons. D'une façon générale, l'électricité statique est une électricité de forte tension ; néanmoins elle n'est pas un spécifique contre l'hystérie. Dans la névrose simple sans complication d'anesthésie, l'étincelle fait paraître des zones anesthésiques au niveau des points d'application et des zones hyperesthésiques sur les points homologues.

C'est ainsi que Charcot provoquait le transfert chez des malades dont le diagnostic était douteux.

Dans les cas, au contraire, où l'hystérie est accompagnée d'anesthésie ou d'hémianesthésie, les zones d'hyperesthésie remplacent les zones d'anesthésie sous l'influence de l'étincelle. Vigouroux paraît avoir guéri des contractures par ce procédé. Il en est de même pour quelques paralysies, la toux hystérique, le mutisme, la chorée, le spasme de la glotte et le délire hystérique. Mais d'après l'Ecole de Nancy, la suggestion produirait les mêmes effets chez les hystériques. Nous en parlerons plus loin.

La galvanisation ou courants continus. — C'est là de l'électricité dynamique dont l'effet se traduit par des modifications du système nerveux périphérique. C'est donc aussi un esthésiogène. On l'emploie également contre les accidents locaux de l'hystérie, les anesthésies, les paralysies, les spasmes. Mais, pas plus que la franklinisation, cette électricité n'est susceptible d'arrêter les attaques d'hystérie. Rien ne vaut encore, pour ce sujet, la compression de l'ovaire ou ce que j'appellerai plus loin la douche ovarienne.

Cependant, mieux que l'électricité statique, les courants continus sont susceptibles de modérer les grands mouvements pendant les attaques et de diminuer la fréquence de celles-ci. Il faut alors employer des courants de 10 à 15 éléments (Tessier), mais une simple interruption du courant finit par les faire reparaître. Avec des courants de 30 à 40 éléments, M. Tessier a quelquefois fait avorter l'attaque et rendu la connaissance à des malades qui l'avaient perdue. Malheureusement pour les savants il leur est difficile de se rendre compte du mode d'action de ces courants. Sous ce rapport la galvanisation est encore inférieure à l'hydrothérapie scientifique. En électricité galvanique on emploie aussi un bain dans une baignoire de pierre où aboutissent les pôles contraires d'une source de courants induits. Mais si quelques hystériques ont été soulagées, le plus grand nombre n'ont obtenu aucun résultat favorable par ce procédé. Constantin Paul le repoussait absolument dans l'hystérie convulsive.

Faradisation ou courants induits. — Le bain électrique dont nous venons de parler et qui à tort est appelé bain galvanique appartient à l'électricité faradique. Cette électricité est plutôt utile dans les paralysies hystériques que contre les attaques convulsives.

Duchenne employait la faradisation musculaire localisée, soit avec des interruptions rapides, soit avec des intermitences lentes pour éviter la provocation de crises convulsives. C'est par ce procédé que l'on constate l'état de contractilité électro-musculaire et l'état de sensibilité cutanée. C'est par lui que l'on établit au point de vue du pronostic la réaction de dégénérescence dans les atrophies musculaires. La faradisation cutanée est recommandée dans les hémiplégies récentes avec ou sans hémianesthésie, dans l'aphonie hystérique, dans la paralysie hystérique du diaphragme, les contractures, les hyperesthésies de moyenne intensité, les douleurs profondes des hystériques, le lumbago; mais, pour les paraplégies, le pharyngisme, les hyperesthésies très vives, la galvanisation paraît préférable. Lorsqu'il y a hémianesthésie, les courants galvaniques faibles donnent les mêmes résultats que la métallothérapie externe. Mais contre les anesthésies des sens la faradisation est fort souvent employée avec succès.

On a encore vanté la faradisation contre la dyspepsie ou la gastralgie nerveuse. Je dirai plus loin pourquoi je lui préfère

7.

l'hydrothérapie, en particulier le procédé de la douche épigastrique.

En définitive, si, dans la thérapeutique des maladies nerveuses en général et des atrophies musculaires en particulier, l'électricité et notamment la faradisation jouit avec raison d'une grande vogue, il n'en est pas de même dans l'hystérie où la variabilité des résultats obtenus par l'électrothérapie fait préférer aux praticiens et avec raison l'hydrothérapie.

De l'hydrothérapie. — Si toutes les affections chroniques sont justiciables de l'hydrothérapie, l'hystérie est certainement celle où ce traitement donne les plus beaux et les plus légitimes succès. Becquerel déclare que l'hydrothérapie est destinée à remplacer presque toutes les médications employées jusqu'à ce jour dans le traitement de l'hystérie.

« Depuis trois ans toutes les hystériques que j'ai reçues à l'hôpital et un certain nombre de celles que j'ai vues en ville et qui ont bien voulu s'y soumettre, n'ont été traitées que par l'hydrothérapie. Je puis dire avec assurance que toutes les fois qu'on a voulu se soumettre d'une manière suivie et rationnelle à cette médication, l'hystérie a guéri. »

D'un autre côté l'illustre professeur Charcot a déclaré dans ses leçons cliniques à la Salpêtrière en 1878 que ce mode de traitement lui avait toujours rendu les plus grands services, particulièrement dans les cas de grande hystérie (1).

Feu Pascal, mon beau-père, dans son *Précis d'hydrothérapie scientifique* (2), a rapporté, dans la partie de son livre qui traite de la clinique, de nombreuses observations de guérison de l'hystérie par l'hydrothérapie, observations prises pour la plupart sur des malades qui lui avaient été envoyés par Charcot.

On peut résumer les indications de l'hydrothérapie en quelques mots. Isolement du malade ou traitement moral. Pour cela les établissements d'internat hydrothérapique conviennent à merveille, car ces malades trouveront dans ces établissements les soins physiques que réclament leur état c'est-à-dire l'application méthodique de l'hydrothérapie.

Je ne puis entrer ici dans la technique de ces applications, mais je renvoie le lecteur au précis de N. Pascal, dont je parlais plus haut ou au *Traité thérapeutique et clinique de Fleury* (3). Par ces

(1) PAUL RICHER, *Études cliniques sur l'hystéro-épilepsie*, p. 601.

(2) N. Pascal, *Précis d'hydrothérapie scient.*, 2e éd. revue et augm. par le Dr Verrier, 1895.

(3) L. FLEURY, *Traité thérap. et clinique d'Hydrothérapie*, 4e éd. 1876.

applications rationnelles on peut guérir l'*état hystérique*, l'*attaque d'hystérie* et les *accidents hystériques* (paralysies diverses, spasmes, anesthésies, hémianesthésies, hyperesthésies, gastralgie, contractures, toux et aphonie, état cataleptique, etc. etc.).

Un retour à l'hydrothérapie empirique paraît avoir été fait en Allemagne par un prêtre, l'abbé Kneipp.

L'engouement public qui s'est manifesté à propos des procédés employés par l'inventeur m'a engagé à étudier sa méthode sans idée préconçue.

Je ferai connaître plus tard le résultat de mes études comparées, mais à priori je puis dire que le système Kneipp, ne convient dans l'hystérie qu'aux malades excitables chez lesquels la douche sédative de Fleury serait encore trop puissante.

Hypnotisme. — Il ne me reste plus qu'un mot à dire sur la suggestion hypnotique pour compléter le traitement de l'hystérie. Je serai bref. Séparons d'abord l'hypnotisme du magnétisme. Bien que quelques cas de guérison se soient produits par le magnétisme animal, les difficultés de l'interprétation et plus encore ce fait que le magnétisme est surtout pratiqué par des guérisseurs, souvent des charlatans, les médecins instruits, dignes de nom, répugnent à appliquer cette science, si on peut appeler ainsi ces pratiques.

Quant à l'hypnotisme médical on peut le définir comme un somnambulisme artificiel provoqué et accompagné de divers phénomènes d'hyperesthésie ou d'anesthésie, avec ou sans catalepsie. Ce sommeil est pratiqué plus facilement chez les hystériques que chez d'autres malades et chez eux, pendant cet état, il devient facile de leur suggestionner par le commandement verbal, parfois même par la simple pensée, des actions ou des actes qu'ils n'accompliraient pas à l'état de veille. Pour le médecin traitant un hystérique, la suggestion s'exercera naturellement sur les phénomènes d'ordre pathologique que l'on voudra combattre. En dehors de ces données dans l'hystérie et dans les autres maladies dont les sujets seraient hypnotisables, nous estimons que la pratique de la suggestion hypnotique doit être interdite en raison de ses dangers dans l'ordre physique comme dans l'ordre moral. D'ailleurs la suggestion ne réussit pas toujours, même chez les hystériques, dont quelques-uns sont rendus plus malades par ces pratiques. Parfois pourtant on peut, chez les animaux, produire par les mêmes moyens des résultats pour ainsi dire analogues.

Ces moyens consistent dans la fixation du regard, la vue d'un objet brillant et même quelconque, mais placé de manière à produire un léger degré de strabisme convergent, la simple occlusion des paupières avec le commandement ; les magnétiseurs y ajoutent des passes et des attouchements.

Il faut dire que ces manœuvres sur certains sujets produisent des crises épileptiformes et qu'il faut beaucoup de prudence de la part du médecin qui les emploie.

Lorsque le sommeil hypnotique existe, ce qui a lieu au plus tard au bout de huit à dix minutes (cesser les manœuvres s'il n'est pas produit dans cet espace de temps), il se produit des troubles de la motilité (*catalepsie, léthargie*) de la sensibilité (*anesthésie* ou *hyperesthésie*), etc., des troubles psychiques (*subconscience, dédoublement de la personnalité*), etc.

C'est dans cet état que la suggestion produit son effet le plus marqué, bien que cette suggestion puisse agir même à l'état de veille sur certains sujets prédisposés.

Les magnétiseurs profitent de cet état pour diriger la pensée du sujet vers des événements à venir. En raison de leur loquacité les malades se livrent à des révélations qui peuvent parfois tomber juste et donner lieu à une interprétation surnaturelle ou merveilleuse. Mais ce sont là des jongleries indignes du savant.

Au point de vue strictement scientifique, la suggestion peut être utilisée pour la guérison des diverses phases de l'hystérie. Lorsque l'on voudra réveiller le malade, il suffira soit de lui souffler sur les paupières, ou de pratiquer de légères frictions sur les globes oculaires à travers les paupières, ou simplement de suggestionner le réveil.

Dans le sommeil magnétique sans hypnose, des passes seront nécessaires et quelquefois le réveil sera difficile à produire, ce qui augmente encore le danger de cette pratique.

Tous ces phénomènes confirment la pensée souvent exprimée par Charcot que « l'hystérie est en grande partie une maladie mentale ». Cela est si juste que l'on retrouve souvent l'hystérie chez les ascendants d'aliénés. J'en connais pour ma part plusieurs exemples.

J'engage le lecteur, pour compléter cette étude, à lire les très intéressants travaux de M. le Dr Pierre Janet sur la *psychothérapie*.

VI

Des myélites

Dans la moelle, l'hématomyélie est rarement observée et au lieu de ramollissement, comme dans le cerveau, c'est plutôt la sclérose que l'on rencontre.

Ce n'est pas du reste la seule différence entre le cerveau et la moelle, car si dans le premier de ces organes les lésions sont diffuses, si elles envahissent toute une partie de l'organe, dans le second, bien qu'il y ait aussi des lésions diffuses réparties çà et là, comme dans la sclérose en plaques, on y trouve plutôt des lésions systématiques, c'est-à-dire s'étendant à tout un système physiologique déterminé comme les cordons postérieurs (ataxie, tabes), les cordons latéraux (sclérose latérale amyotrophique) ou les cordons antérieurs (atrophie musculaire progressive).

Dans ces cas les lésions s'étendent en hauteur et se propagent, régulièrement, d'après un ordre qu'il est facile de prévoir d'avance.

C'est ce qui nous engage à diviser le chapitre des myélites en deux : *a*) les myélites systématiques ; *b*) les myélites diffuses.

Mais dans les deux processus, c'est à peu près constamment la sclérose que l'on rencontrera, ce qui amènera une grande uniformité dans le traitement, quel que soit le genre d'affections de la moelle que nous ayons à traiter.

Or la sclérose c'est, avons nous dit, le contraire du ramollissement, c'est-à-dire un développement exagéré du tissu conjonctif et l'atrophie par ce tissu des éléments nerveux sous-jacents ou voisins.

Si le processus dans la myélite diffuse commence par le tissu conjonctif — ce qu'explique la continuité de la névroglie dans toute la hauteur de la moelle — la sclérose, au contraire, dans la myélite systématique, débute par les éléments nerveux et se propage suivant les connexions physiologiques de ces mêmes éléments. C'est ce qui a fait donner à ces dernières par plusieurs neuropathologistes le nom de myélites parenchymateuses, tandis que les mêmes savants réservent le nom de myélites interstitielles aux myélites diffuses.

Parfois pourtant les myélites systématisées s'accompagnent aussi de lésions diffuses et alors le diagnostic devient très difficile.

Mais au point de vue thérapeutique, but de cette étude, il n'y a guère de différence à établir.

Le même individu, du reste, peut présenter une myélite systématisée et une hémorrhagie cérébrale sans inflammation préalable.

Si la maladie peut réaliser sur le même individu des processus différents dans le cerveau et dans la moelle, elle peut aussi dans la moelle seule produire des lésions diffuses et systématiques.

Ceci justifie le principe émis par M. le professeur Grasset, de Montpellier (1), « qu'une maladie donnée, frappant plusieurs points du système nerveux, ne réalise pas toujours le même processus en ces différents points ».

a) *Myélites systématiques.*

Elles débutent et se propagent par les éléments nerveux et se localisent à un système particulier.

C'est ainsi que la lésion anatomique, la sclérose, peut atteindre les faisceaux blancs des cordons postérieurs et déterminer un tabes dorsalis primitif ou secondaire (*ataxie locomotrice progressive*) ou

____

(1) *Traité des maladies du système nerveux*, 3e édition, 1886, p. 320.

bien une sclérose des cordons de Goll, si la lésion a débuté par la partie interne des cordons postérieurs, ou, secondairement, une sclérose ascendante.

Si le processus envahit d'abord les cordons latéraux et les faisceaux de Türck, le neuropathologiste se trouvera avoir affaire à une sclérose latérale symétrique primitive avec ou sans atrophie musculaire. Dans le 1er cas c'est la sclérose latérale amyotrophique (*maladie de Charcot*) dans le 2e cas, c'est le tabes dorsal spasmodique sans atrophie.

Il peut aussi se produire dans l'envahissement des cordons latéraux une sclérose descendante secondaire à une lésion du cerveau ou de la moelle.

Et voilà réalisée l'hypothèse que nous émettions plus haut de processus différents dans le cerveau et dans la moelle déterminant dans la moelle seule deux ordres de lésions différentes.

Loin de moi l'idée de résumer les symptômes cliniques des scléroses fasciculées des faisceaux blancs de la moelle ayant donné lieu aux différentes maladies que je viens d'énumérer.

Je renvoie pour cela aux excellents livres et travaux de pathologie nerveuse et de clinique de nos maîtres Charcot, Raymond, Grasset, Brissaud, Dejerine, Gilbert Ballet, Gilles de la Tourette, Oulmont, Bourneville, etc. Je veux me borner à décrire le traitement général des myélites systématiques et à renvoyer aux différents cas particuliers, l'étude de la thérapeutique applicable à chacun de ces cas.

Avant d'aborder cette tâche, qui a une grande importance pratique, il me reste à présenter, comme je l'ai fait pour la scérose des faisceaux blancs, les lésions des cellules grises des cornes antérieures, et celles des noyaux bulbaires.

Lorsque la myélite envahit les cellules grises des cornes antérieures, cet envahissement est primitif et on a : *a*) l'atrophie musculaire progressive chronique; *b*) la même atrophie à l'état aigu qui produit *chez l'enfant* la paralysie infantile atrophique et *chez l'adulte* la paralysie spinale aiguë.

Ou bien l'envahissement est secondaire, c'est-à-dire consécutif à une myélite, et alors on a une amyotrophie spinale secondaire. Les progrès de l'anatomie pathologique ont fait découvrir, depuis peu d'années, une lésion spinale méconnue jusquelà, qui donne lieu à une amyotrophie caractérisée anatomiquement par une excavation dans le tissu médullaire : c'est la *syringomyélie*.

Enfin si la sclérose gagne le bulbe d'emblée on a la paralysie labio-glosso-laryngée primitive simple ou avec atrophie musculaire. Si, au contraire, la sclérose des noyaux bulbaires est secondaire à d'autres myélites (cas le plus fréquent),on a des symptômes bulbaires dans la sclérose latérale amyotrophique, les myélites diffuses, etc. Tel est l'ensemble des syndromes que constituent les myélites systématiques.

M. le professeur Grasset, dans la 3e édition de son *Traité des maladies nerveuses*, déjà cité, avait classé les myélites d'après la lésion anatomique. C'est ainsi qu'il admettait.

a) Les scléroses fasciculées des faisceaux blancs de la moelle;

b) La sclérose des cellules grises des cornes antérieures;

c) La sclérose des noyaux bulbaires.

Mais par suite des progrès de l'anatomie et surtout de la dissociation de la maladie de Duchenne et des nouvelles entités morbides reconnues, il est devenu impossible de séparer les scléroses fasciculées des des faisceaux blancs de la sclérose des cellules grises des cornes antérieures, car plusieurs de ces affections, bien que séparées cliniquement,participent de l'une et de l'autre lésion.

Nous avons donné un aperçu d'ensemble des syndromes qui constituent les myélites systématiques, abordons maintenant le traitement général de ces myélites;

quant au traitement particulier de chaque cas, on le trouvera dans les articles séparés qui seront consacrés à chacune de ces foi.nes.

Traitement général des myélites systématiques.

D'une façon générale on peut appliquer dans toutes myélites systématiques le système de la révulsion.

Il semble que plus la révulsion est énergique plus on a de chances, non de guérir, mais d'éviter les progrès de la sclérose.

Nous dirons quels révulsifs il convient d'employer pour chaque cas particulier.

Les avis des thérapeutistes sont d'ailleurs divisés, ainsi Leyden repousse les révulsifs et pourtant il a peu de confiance dans les remèdes internes. Que reste-t-il alors au médecin désarmé en présence de la maladie, surtout dans les formes envahissantes?

Sera-ce avec les bains chauds simples ou associés à divers principes médicamenteux, comme le recommande Leyden, que l'on aura l'espoir d'enrayer la marche du mal?

Dans ce cas les eaux thermales plus ou moins minéralisées comme Lamalou, Balaruc, etc., devraient avoir plus d'action que les bains pris à domicile.

On sait malheureusement ce qui en est. On contente le malade en l'envoyant aux eaux, mais on ne le soulage que dans un nombre bien limité de cas et parfois il est arrivé que l'on donnait par ces moyens plus d'activité au processus morbide.

Il faut avouer, du reste, que les résultats sont difficiles à apprécier, et si les bains sulfureux en ont donné de bons à M. Oulmont, le nombre des arrêts dans la marche du mal, de rétrocession même du processus sont bien plus considérables avec l'hydrothérapie générale comme cela a été démontré par les nombreuses observations de Fleury, de Pascal, de Bourguignon, de Becquerel, de Combal, etc.

Pourtant certains malades ne peuvent supporter l'eau froide d'emblée. A ceux-là on administrera la douche écossaise qui, après tout, est un moyen énergique de révulsion.

On en surveillera de très près les effets et si les symptômes du mal s'aggravaient sous l'influence de la douche, on passerait à une autre médication.

L'électricité statique peut aussi calmer les malades irritables, ceux dont les réflexes sont exagérés, mais, d'une façon générale, quand la lésion est stationnaire, dans les phases peu actives de la maladie la faradisation générale, en tant que procédé électrique, trouve son application, tandis que dans les cas contraires c'est à l'emploi des courants continus descendants qu'on donnera la préférence. Je dirai quand il faudra employer les courants ascendants. Du reste, nous entrerons à ce sujet dans le détail des cas particuliers et nous dirons, pour chacun d'eux, le mode d'électricité préférable.

Il n'y a pas malheureusement de médication spécifique, sauf pour les cas bien connus d'intoxication ou d'infection de la moelle à la suite de maladies infectieuses, comme la syphilis, ou d'intoxication professionnelle comme le saturnisme. Nous traiterons en parlant de ces cas particuliers des remèdes qui leur conviennent.

Parmi les médicaments pharmaceutiques, tous enregistrent des succès à leur actif, mais il faut se méfier des erreurs de diagnostic et de l'engouement facile des praticiens pour tel ou tel remède qui aura donné des succès dans un ou deux cas et n'en donnera pas dans d'autres. Il faut aussi être prudent dans le choix des médicaments et craindre la suggestion de la réclame.

Quelques essais ont été faits de divers remèdes par des hommes dignes de foi, mais la plupart du temps ces médecins honorables reconnaissent l'infidélité de ces médicaments et quelquefois même le danger que leur emploi prolongé peut présenter.

Tels le nitrate d'argent en injections sous-cutanées, l'iodure de potassium, le salicylate de soude, l'ergot de seigle qui a eu son heure de vogue, mais a été depuis justement abandonné.

Contre les douleurs si vives que les malades ressentent quelquefois, les injections sous-cutanées de sulfate ou de chlorhydrate de morphine agissent toujours d'une façon utile, mais à la condition que le médecin seul en ait la direction, car c'est précisément dans ces cas d'affections médullaires que la morphinomanie se développe avec le plus de rapidité.

Bref, quand le praticien aura épuisé toute la série des remèdes internes et externes il lui faudra bien revenir aux révulsifs que je préconisais au début de cet article, malgré l'avis contraire de Leyden, de Berlin.

Mais parmi ces révulsifs il faut faire un choix, et c'est là le point important et délicat. Pendant les périodes d'activité des poussées médullaires, l'aquapuncture ou douche filiforme appliquée tous les jours donnera certainement plus de résultats que les vésicatoires, les moxas, les cautères des anciens praticiens. J'indiquerai pour chaque cas le lieu de l'application. De même à défaut d'appareils pour l'application de l'aquapuncture, des pointes de feu au thermocautère, nombreuses mais peu profondes, remplaceront la douche filiforme. Mais en raison des eschares qu'elles produisent il faudra un intervalle de quelques jours entre chaque séance. Malheureusement on laisse ainsi au processus le temps de s'étendre.

J'ai parlé des courants continus recommandés par Onimus, ils trouvent leurs indications dans quelques cas particuliers.

Dans les complications d'atrophie musculaire ou pour en prévenir l'invasion, l'exercice prolongé rendra d'importants services. S'il y avait incoordination motrice on pourrait remplacer l'exercice par le massage.

Si, à la suite d'une myélite primitive, les nerfs périphériques étaient pris à leur tour, outre le traitement des névrites dont nous nous occuperons en temps et lieu, on pourrait tenter l'élongation des gros troncs nerveux comme l'a fait Langenbach dans un cas de tabes, nous en reparlerons à propos de cette dernière affection. Du reste, après avoir eu quelques imitateurs même en France, l'opération de Langenbach a été à peu près abandonnée ou réservée pour quelques cas bien spéciaux.

Le pincement du nerf, s'il est accessible, employé dans les manœuvres du massage aurait, pour ce cas particulier, le même avantage que l'élongation sans avoir les aléas d'une opération qui n'est pas toujours sans danger.

A tout cela il faudra joindre, cela va sans dire, le traitement constitutionnel dans les cas de diathèse syphilitique, arthritique, herpétique, strumeuse, etc. Nous n'entrons pas dans ce détail connu de tous les médecins.

Mais nous recommandons de ne pas négliger les règles les plus rigoureuses de l'hygiène, comme particulièrement d'éviter tous les excès d'alcool, sous quelque forme que ce soit, de veille, de travail cérébral, et même de fatigue corporelle comme la marche forcée, le soulèvement d'un poids, etc.

Il va sans dire que le coït sera réglé, sinon absolument interdit.

Il faut se rappeler que tout ce que nous pouvons espérer c'est d'enrayer la maladie pour un temps plus ou moins long. La guérison est trop rare pour y compter. Mais c'est déjà beaucoup de rendre au malade une vie facile avec longévité normale, fût-ce au prix de quelque infirmité.

Pour obtenir ce résultat on instituera un régime mixte et fortifiant en entretenant la liberté du ventre soit par des pilules, des eaux minérales laxatives, ou tout autre moyen.

Je considère cette recommandation comme très importante. Quelques diurétiques trouveront aussi leur emploi dans le régime des malades atteints de myélites systématisées.

b) *Myélites diffuses.*

Nous savons déjà que dans les myélites diffuses le processus de la sclérose n'est pas le même que dans les myélites systématiques et qu'au lieu d'attaquer un système à l'exclusion des autres parties de la moelle ou du bulbe, elle envahit, comme son nom l'indique, des points variables de ces organes qu'on ne saurait déterminer à l'avance et forme alors des ilots scléreux répandus sans ordre sur les différentes parties de l'encéphale ou de la moelle.

Le type de ces myélites diffuses est certainement la sclérose en plaques disséminées aiguë ou chronique.

On avait aussi rangé parmi les myélites diffuses la paralysie générale spinale subaigue de Duchenne, dont les lésions sont bien diffuses, en effet, mais que M. le professeur Raymond ne croit pas être une entité morbide bien définie.

Cependant Duchenne, de Boulogne, avait cru devoir séparer la paralysie générale subaiguë des poliomyélites aiguës et chroniques, car, dans la forme diffuse de paralysie générale subaiguë qu'il décrit, les altérations médullaires, au lieu de rester circonscrites à la substance grise des cornes antérieures, empiétent sur les autres parties de la même substance et s'étendent jusque sur les cordons blancs voisins.

Mais est-ce là une raison suffisante pour faire deux espèces distinctes de ces maladies dont le traitement est d'ailleurs le même dans les deux cas ?

Tel n'est pas notre avis et nous nous rangeons à la doctrine de M. Raymond, en confondant le traitement de la paralysie générale spinale subaiguë avec celui des myélites et des poliomyélites aiguës et chroniques.

Traitement des myélites aiguës diffuses.

Au début, le praticien pourra recourir aux antiphlogistiques, ventouses scarifiées le long de la colonne vertébrale, sangsues, application prolongée de glace pour éviter la réaction qui succéderait à une application trop courte. Leyden ne craint pas de prolonger ces applications au-delà d'une semaine. Brown-Séquard recommandait des onctions avec la pommade mercurielle le long de la colonne vertébrale.

A l'intérieur, le calomel à doses réfractées, le seigle ergoté n'ont pas donné les résultats sur lesquels on comptait ; Leyden du reste les repousse. Il est vrai qu'Ham-

mon est partisan du seigle ergoté et dit en avoir obtenu de bons effets en en administrant 4 grammes toutes les deux heures pendant cinq jours puis trois fois par jour pendant un mois. Pour qui connaît les inconvénients de l'ergot cela paraîtra une dose énorme. Il est vrai qu'il combine les révulsifs le long de la colonne vertébrale avec cette médication, soit par le cautère actuel en boule soit par la cautérisation ponctuée après anesthésie préalable par l'éther pulvérisé. Mais je ne crois pas que cette révulsion annihile les effets de l'ergot.

Leyden, qui repousse l'ergot, repousse aussi le fer rouge et lui préfère des onctions avec la pommade stibiée, des vésicatoires ou des badigeonnages avec la teinture d'iode.

Frerichs donne la préférence aux drastiques. Il recommande d'éviter tout effort musculaire, toute fatigue, par conséquent les voyages que, dans un but, de traitement, on fait souvent entreprendre aux malades.

Enfin, il recommande de surveiller la miction et la défécation. Il faut aussi veiller aux escharres de décubitus.

Plus tard, on donnera de l'iodure de potassium comme résolutif, bien que Leyden le croit plus propre à faire résorber les résidus méningitiques que ceux des myélites.

Enfin, on fera suivre au malade à la fin du traitement un régime fortifiant, on lui donnera des toniques et on veillera à ce qu'il respire un air pur. Le calme de la campagne est alors tout indiqué.

Si la myélite diffuse avait tendance à passer à l'état chronique, l'indication des remèdes qui conviennent à cet état se trouverait indiqué comme la strychnine, l'électricité, les bains sulfureux, etc.

Myélites chroniques diffuses.

On sait le rôle que joue l'hérédité nerveuse dans ces affections, celui des diathèses comme la syphilis, la goutte (Graves). On a invoqué aussi beaucoup de causes banales.

Ces myélites débutent presque toujours par un organe fatigué, surmené : les doigts, l'avant-bras, le bras, puis peut apparaître la paralysie labio-glosso laryngée. M. Pierret accuse les excès génésiques ; on peut y joindre les émotions dépressives, les intoxications diverses, particulièrement par l'arsenic, par le plomb (Vulpian), par l'alcool (Lancereaux et Magnan). La fièvre typhoïde est aussi une cause d'intoxication médullaire.

Les différentes formes de myélites chroniques difluses peuvent succéder à une myélite aiguë diffuse ou même à une myélite systématique. La méningite, la pachyméningite, la compression de la moëlle par une tumeur, une carie vertébrale, ou des névrites périphériques (Hayem) peuvent aussi être invoquées comme prédisposant aux myélites chroniques diffuses, de sorte qu'il y a un enchevêtrement de causes qui, au point de vue thérapeutique, rendent assez semblables le traitement des myélites diffuses et des myélites systématiques.

La propagation peut également se faire par les veines et les lymphatiques, aussi résumerons-nous le traitement des différentes formes transverse, cervicale, hémilatérale, lombo-dorsale, envahissante complète, à marche ascendante ou descendante en une conduite unique.

Traitement.

Au début, comme dans la myélite aiguë, pointes de feu, ventouses dorsales, cautérisation avec le cautère à boule de 20 centimètres de diamètre environ (Charcot), 6 à 8 cautérisations tous les 4 à 5 jours en pénétrant assez profondément dans le derme. Nous avons dit ce que nous pensions de l'ergot. Le phosphore jadis essayé a été abandonné, mais l'iodure de potassium trouve dans ces myélites son indication.

C'est dans ces cas surtout que l'hydrothérapie est victorieuse après que toute
excitation a cessé. Les courants continus
ont donné à Onimus d'excellents résultats.
La morphine est indiquée contre les douleurs, de même que les applications
locales de chloroforme : l'acide salicylique
(Germain Séc) l'atropine et le chloral à
l'intérieur.

Enfin les eaux minérales de Balaruc, de
La Malou, d'Aix et des Pyrénées au Midi,
de Bourbon l'Archambaud au Centre et de
Bourbonne à l'Est pourront être recommandées, à la fin de la cure.

Contre les crises gastriques, les injections
hypodermiques de morphine au creux épigastrique, la teinture ou le sirop d'opium
à l'intérieur, mais pas simultanément
avec les piqûres de morphine.

Contre les convulsions, le bromure de
potassium à la dose de 7 à 8 grammes
dans les vingt-quatre heures.

Contre l'atrophie musculaire, la faradisation, la gymnastique et le massage.

Contre les escharres, le matelas d'eau, le
collodion, l'iodoforme, le chlore.

Enfin *contre la constipation et la rétention
d'urine*, les purgatifs et le cathétérisme, et
comme *hygiène*, la campagne et aucun
excès.

Il n'y a pas à distinguer la sclérose en
plaques disséminées des autres myélites

9.

diffuses au point de vue du traitement. Les tentatives faites par Charcot n'ont pas été heureuses (Bourneville et L. Guérard). Le chlorure d'or employé par Vulpian dans quelques cas a paru plutôt exaspérer les symptômes. Il en a été de même pour le phosphure de zinc. La strychnine a modifié quelquefois le tremblement, mais son influence n'a pas été de longue durée. L'électricité employée concurremment avec la strychnine a obtenu une amélioration dans les mains de Piorry. On peut en dire autant du nitrate d'argent qui n'a aussi donné que des amendements passagers ; c'est surtout au début de l'affection que ce remède a modifié le tremblement, mais dès que paraissent les contractures et les phénomènes spasmodiques, MM. Bourneville et L. Guérard l'accusent de les exaspérer. Aussi, est-il prudent, dès la maladie confirmée, surtout si on a eu la chance de diminuer le tremblement, de renoncer à son emploi.

En définitive, comme l'électricité, sauf le cas d'atrophie musculaire, les vésicatoires, les frictions irritantes, le seigle ergoté, l'arsenic, la belladone n'ont jamais produit d'amendement marqué des symptômes. On fera donc sagement de s'en tenir aux toniques, aux bains sulfureux et surtout à l'hydrothérapie qu'il serait bon, dit Bourneville, de mettre plus souvent à

contribution dans ces sortes de maladies (1).
J'ajoute que la douche filiforme froide
sur le trajet des cordons postérieurs dé la
moëlle constitue pour lés affections médullaires en général, le meilleur moyen
de révulsion. A ce sujet je ne puis que
regretter la lenteur, pour ne pas dire le
mauvais vouloir que l'administration de
l'Assistance publique met à faire établir
l'appareil nécessaire pour ce traitement
réclamé plusieurs fois par M. le professeur
Raymond pour le complément de son la-
boratoire de la Salpétrière. La douche
écossaise est aussi à recommander tout le
long des apophyses épineuses de haut en
bas, et alternativement chaude et froide.

MÉNINGO-ENCÉPHALITE DIFFUSE

(Paralysie générale des aliénés).

Cette maladie longtemps prise pour une
vésanie *sine materiä* présente, au contraire, une lésion constante, bien nette,
due à une inflammation du cerveau, de la
moelle, des nerfs et des méninges, répartie
çà et là, par îlots, d'une manière diffuse.
C'est pour cela que nous la plaçons à la
suite des myélites diffuses.

(1) *De la sclérose en plaques disséminées* par Bourneville et L. Guérard, 1869, p. 154 et 187.

Traitement.

Pour le traitement, on reconnaît quatre périodes :

La première ou période prodromique caractérisée par des modifications du caractère, de la perversion des facultés. La deuxième ou période initiale est surtout caractérisée par du délire ambitieux ou hypochondriaque. La période moyenne ou troisième état, n'est qu'un renforcement de la deuxième : la démence succède aux délires ; il y a des troubles dans la marche, le malade a des phobies, il devient furieux ; il existe aussi des formes spinales bien étudiées par Magnan. Enfin, la quatrième période ou période terminale est caractérisée par la démence complète, l'impotence motrice absolue, le gâtisme et la mort.

Pendant la période prodromique, on insistera sur l'accomplissement des règles de l'hygiène. Puis on changera le genre de vie du malade ; suppression de toute liqueur alcoolique, éviter le maniement du plomb et traiter les accidents consécutifs de la syphilis, s'il y a lieu.

Dès la deuxième période on pourra commencer l'iodure de potassium, les révulsifs, les saignées si le sujet est pléthorique, les purgatifs, un séton à la nuque et dans la forme mélancolique on aura recours aux stimulants, aux excitants, aux amers, aux

ferrugineux, au quinquina et aux bains sulfureux,

Dans la forme expansive, les bains tièdes
prolongés avec compresses froides seront
fort utiles. A la fin de cette deuxième période, sauf le cas de pléthore bien accusée, on redoutera les émissions sanguines.

M. Voisin vante, pour le traitement de
la troisième période, l'arsenic, l'ergot de
seigle, la digitale, le *veratrum viride*, le sulfate de quinine, le bromure et l'iodure de
potassium.

On peut ajouter à ces remèdes les purgatifs doux, la podophilline, la cascarine,
les sulfates de soude ou de magnésie, l'huile
de ricin.

M. Voisin vante encore, comme remèdes
externes, le vésicatoire sur la tête rasée au
préalable (moyen que nous trouvons dangereux), le cautère à la nuque ou le séton,
les bandes vésicantes le long de la colonne
vertébrale.

On peut aussi y ajouter les bains froids
par immersion comme antiphlogistique.

Dans certains troubles mentaux progres-
sifs, les toniques et même les dérivatifs
provoquent des poussées congestives et
des attaques apoplectiformes ou convulsives.

Enfin, dans la quatrième période qui se
termine presque toujours dans un asile
public ou privé, il n'y a guère que l'isole-

ment, la surveillance et les soins antiseptiques qui puissent être conseillés.

PARALYSIE LABIO-GLASSO-LARYNGÉE.

Duchenne, dès 1860, avait nettement
formulé les symptômes de cette paralysie
et l'avait séparée du cahos des maladies
nerveuses tel qu'il était à cette époque.

Anatomiquement, elle est le plus souvent le résultat de l'envahissement des
nerfs de la région ou du bulbe par des
plaques disséminées de sclérose, c'est
pourquoi nous avons cru devoir placer ici
son traitement, bien que souvent aussi la
paralysie labio-glosso-laryngée s'associe à
la sclérose latérale amyotrophique (Charcot, Raymond).

Ordre d'apparition des symptômes.

a) Du côté de la langue : difficulté de la
prononciation et de la déglutition.

b) Du côté du voile du palais : nasonne-
ment, retour des boissons par le nez, suffocation.

c) Du côté des lèvres ; le malade ne peut
ni souffler, ni siffler, ni prononcer certaines voyelles *o, u.*

De plus, la face présente un aspect spécial. Quelquefois il se joint aux symptômes susdits de la paralysie du menton
et des muscles qui s'y attachent.

Lorsque les trois paralysies sont associées, langue, voile du palais, orbiculaire des lèvres, la parole devient impossible et le malade n'a plus que le son A à sa disposition, ou il pousse une sorte de grognement inintelligible.

Il est à remarquer qu'il y a toujours symétrie dans cette paralysie, surtout lorsqu'elle est le résultat de l'extension d'une atrophie musculaire progressive ou d'une sclérose latérale amyotrophique.

Dans ces cas la contractilité électrique est conservée, Erb dit avoir trouvé la réaction de dégénérescence.

Dans tous les cas il y a abolition du réflexe laryngé (Krishaber).

A une période avancée, la paralysie peut gagner les muscles intrinsèques du larynx et alors se montrent des troubles respiratoires, des étouffements, de la cyanose, une tendance à la syncope. Quelquefois des accidents cardiaques se surajoutent, le pouls devient fréquent, irrégulier, la face pâle, le regard fixe et terne et la mort arrive par syncope.

Forme bulbaire ou bulbo-spinale.

Cette forme peut succéder à la paralysie labio-glosso-laryngée et être concomitante d'une amyotrophie; ou bien elle peut ouvrir la scène par suite du développement d'une plaque de sclérose sur le bulbe.

C'est dans les deux cas une seule et même maladie pouvant se localiser à la moelle seule, au bulbe seul ou aux deux organes à la fois.

L'atrophie n'est pas d'ailleurs constante même lorsqu'il y a paralysie (Hayem). Il y a donc deux éléments distincts dans une seule et même maladie (Hallopeau). Nous résumerons le traitement en quelques mots, car le pronostic est grave surtout dans la forme bulbaire.

Electrothérapie : faradisation et courants continus, phosphore à l'intérieur.

Précautions à prendre pour nourrir le malade : bouillie, sonde œsophagienne ou lavements nutritifs. On pourra ainsi prolonger l'existence de quelques semaines, mais la mort arrivera fatalement par le progrès de la lésion centrale.

VII

Neurasthénie.

Traitement hygiénique et moral. — Vie tranquille, calme, simple, à la campagne s'il est possible. En tout cas isolement du bruit de la ville, des affaires, parfois même de la famille dont l'empressement n'est pas toujours raisonné. Aucun souci, aucune sollicitude des besoins de l'existence. Pour ne pas tomber dans la solitude, placer le malade dans une maison de santé, où existe la vie en commun ; les malades s'y récréent, ils jouent de petites pièces, ils font de la musique modérément, se promènent ensemble de manière que l'isolement ne confine pas à la solitude absolue. On combattra aussi les passions tristes et déprimantes, on entretiendra les forces par la gymnastique, le massage, différents sports s'adressant plus au corps qu'à l'esprit. On évitera la lecture des romans et de tout ce qui confine à la vie contemplative, tout en isolant les malades des bruits du monde et des affaires ainsi que du milieu dans lequel la maladie a pris naissance.

Si en même temps le malade est atteint d'arthritisme ou d'herpétisme, on combattra la diathèse par un traitement pharmaceutique approprié; ainsi dans les cas d'arthritisme on donnera le salicylate de soude à petites doses (1 à 2 grammes par jour pendant un ou deux mois), quelques bains sulfureux ou alcalins, des boissons alcalines. Dans les cas d'herpétisme, qui sont plus rares, la liqueur de Fowler, celle de Pearson agiront tout à la fois comme anti-herpétique et tonique du système nerveux.

Dans les cas d'épuisement, de cachexie, de chloro-anémie, les préparations de fer, de manganèse, le quinquina, les amers, la kola et la coca sont particulièrement indiqués. S'il y a en même temps affaiblissement des forces par suite de convalescence de maladies aiguës, infectieuses, ou par sénilité, les injections sous-cutanées de produits organiques rétablissent les forces et l'activité nerveuse. Il en est de même des simples injections de sérum artificiel à la dose de 5, 10, 15 et 20 grammes, répétées deux à trois fois par semaine avec la seringue à air comprimé du Dr Chéron, qui ont donné à cet habile praticien, ainsi qu'à M. le Dr Maurice de Fleury, des succès constants (1).

La gastralgie qui s'ajoute à la neurasthénie plutôt qu'elle ne la produit, sera combattue par la pepsine, la pancréatine, la papaïne, l'acide chlorhydrique, la noix vomique, les gouttes amères de Beaumé, etc. On y ajoutera les poudres absorbantes et les antiseptiques intestinaux, comme le charbon de Belloc, le naphtol, etc.

Quant aux accidents et complications de la neurasthénie, on pourra y remédier par un choix judicieux des narcotiques: opium, morphine, codéine, — ou des anesthésiques : éther, chloroforme, chloral, — ou des sédatifs : les trois bromures isolés ou associés, — des narcotico-acres : belladone, jusquiame, hyosciamine, — enfin les préparations de ciguë, d'aconit, de laurier-cerise trouveront leur indication. Contre les crises nous recommandons les inspirations de nitrite d'amyle. Les bains d'air comprimé, les inhalations d'oxygène ont aussi rendu des services et peuvent encore être recommandés ainsi que l'électricité statique.

Mais la médication par excellence, celle qui remédiera à presque toutes les com-

____

(1) M. de Fleury. *Communication au Congrès de Bordeaux*, 1895.

plications de la neurasthénie et amènera sûrement la guérison, c'est sans contredit l'hydrothérapie employée scientifiquement en même temps que le traitement hygiénique et moral. Le drap mouillé, les lotions froides ne sont pas toujours bien supportés. Mais la douche générale froide horizontale en éventail et de courte durée (15 à 30 secondes) avec pression modérée réussira toujours. Il sera parfois utile de la faire suivre de frictions sèches avec un gant de crin ou d'une séance de massage; quelquefois de frictions stimulantes ou aromatiques. On en sera toujours satisfait. On peut dans les boissons alimentaires faire intervenir les eaux bicarbonatées sodiques ou calciques suivant les cas, mais rarement envoyer les malades aux stations thermales, encore moins aux bains de mer. Quelques voyages en montagne ou en forêt seront préférables, les promenades dans les bois de pins, le voisinage de baies ou de golfes marins éloignés du grand mouvement des flots comme est la station d'Arcachon, par exemple, devront avoir la préférence. J'ai parlé de l'électricité statique (bain électrique), on pourrait y ajouter dans le cas d'irritation spinale les courants continus descendants, sur le trajet de la colonne vertébrale. Enfin toute la série des antispasmodiques, valériane, ou valérianate d'ammoniaque, de zinc, assafétida, castoréum, en lavement suspendu avec un jaune d'œuf à garder; musc, camphre, et comme adjuvant en boisson dans l'intervalle du repos : tilleul, feuilles ou fleurs d'oranger, etc. Il va sans dire que si l'état nerveux était déterminé par une affection utérine, il faudrait y remédier par un traitement approprié ; de même s'il s'agissait d'un cancer ou d'une tumeur quelconque, dût-on avoir recours à l'intervention du chirurgien.

Il est également recommandé de combattre la constipation ou de remédier à la diarrhée ; chez les jeunes gens il faut s'assurer qu'il n'existe pas de phimosis et qu'il n'y a pas de spermatorrhée etc. L'abondance, la richesse de cette énumération fera hésiter le praticien et c'est le cas de dire : plus il y a de médicaments recommandés contre une maladie, moins cette maladie est sûre de guérir, car la richesse, dans ce cas, cache la pauvreté.

Et comme dans la neurasthénie surtout il faut se garder d'abuser des remèdes, car l'organisme répond mal à leur action, mieux vaudra s'en tenir au traitement hygiénique et moral avec l'hydrothérapie rationnelle à l'extérieur. *Calmer le système nerveux, fortifier le malade*. Telle est la thérapeutique dans la neurasthésie.

Weir Mitchell, dans son *Traité méthodique de la neurasthénie*, donne une grande importance à l'isolement et au repos, auxquels il ajoute le massage, l'électricité et la sur-alimentation ; c'est que, d'après cet auteur, pour constituer un état de santé favorable, l'augmentation de l'embonpoint doit être acompagnée d'amélioration dans la quantité et dans la qualité du sang, d'où le traitement complexe qu'il préconise.

Nous avons recommandé l'isolement dans une maison de santé, loin de la famille et des occupations habituelles du malade. Quant au repos, il sera forcé, dans ces conditions où la promenade consti-tuera la seule distraction, mais nous ne voulons pas d'un repos au lit qui ne ferait qu'affaiblir le malade inutilement. Le massage est certainement une bonne pra-tique. Quant à l'électricité nous préférons, nous l'avons dit, le bain électrique (élec-tricité statique) aux courants d'induction préconisés par Weir Mitchell. Enfin nous mettons au-dessus de toutes ces pres-criptions, l'hydrothérapie, qui donne dans la neurasthénie les mêmes succès que dans l'hystérie, et qui, jointe aux prescrip-tions diététiques que ne manquera pas de faire un médecin prudent, assurera la guérison.

Chez les femmes, vers l'époque de la ménopause, on constate souvent des symptômes de neurasthénie. Elles sont incapables d'efforts, elles ont des céphalées, insomnies, palpitations, névralgies et surtout une exaltation nerveuse très accusée.

On recommandera un régime hygiénique, en écartant de la malade toute préoccupation et toute inquiétude.

On assurera son sommeil par un peu de bromure de potassium, de sulfonal ou de trional suivant les cas, mais à l'exclusion de l'opium et de ses préparations.

Tout en donnant à la malade une occupation intellectuelle modérée, on lui conseillera la vie au grand air et l'exercice sans fatigue.

Le thé, le café, ou la kola, qui en contient les principes, pourront être prescrits, ainsi quelques bains tièdes. Nous recommandons également le glycéro-phosphate de chaux comme remède pharmaceutique utile et facilement assimilable. Enfin quelques médecins emploient les injections de liquides organiques, comme je l'ai dit plus haut, notamment le liquide de substance grise, ou le liquide testiculaire. Nous avons essayé sans succès dans deux cas ce dernier, c'est pourquoi nous lui préférerions les injections de sérum artificiel pour les cas où les remèdes préconisés dans cet article auraient été impuissants.

VIII

Névralgies.

Les névroses de la sensibilité constituent les névralgies.

Le traitement général des névralgies comporte deux indications :

a) Combattre les causes ; *b*) calmer la douleur.

a) Causes agissant sur les nerfs périphériques ou les centres nerveux.	Extirpation de tumeur. Réduction de luxation. Extraction de corps étrangers. Avulsion de dents cariées. Sangsues dans les inflammations.
Intoxications paludéennes, saturnines ou syphilitiques.	Quinquina, fer, mercure, iode, opium, hydrothérapie, huile de foie de morue contre la scrofule, purgatif, bi-carbonate ou salicylate de soude dans le rhumatisme.

Si la névralgie dépend d'une névropathie générale combattre cette dernière. Il en est de même pour les névrites,

b) Pour calmer la douleur, on se sert de deux sortes d'agents :

A. Les premiers agissent directement sur les centres nerveux, tels sont : les stupéfiants, les inhalations d'éther, de chloroforme, de nitrite d'amyle, de bromure d'éthyle, etc., les injections sous cutanées de chlorhydrate de morphine, etc.

B. Les secondes agissent sur les nerfs endoloris, ce sont : le froid, les pommades calmantes, lotions, liniments, sinapismes, vésicatoires morphinés ou simples, mouches opiacées, moxas, cautère Paquelin en pointes de feu, électricité faradique ou galvanique. M. Huchard insiste sur les injections sous-cutanées de morphine au 1/100 ou au 1/50 à la dose de 1 à 2 centigrammes. Il recommande aussi les révulsifs intestinaux, la teinture d'iode, les pulvérisations d'éther sur la colonne vertébrale et chaque fois que le point apophysaire existera, les applications de mouches, de cautère ou la cautérisation transcurrente *loco dolenti*.

Certains médicaments jouissent d'une réputation anti-névralgique qui n'est pas toujours justifiée comme, par exemple, la vératrine, l'essence de térébenthine, l'aconit et l'aconitine. Le sulfate de quinine en cas de périodicité.

Enfin, les névralgies anciennes et rebelles sont du domaine du chirurgien. C'est ainsi que j'ai vu l'élongation du nerf sciatique guérir une névralgie sciatique ancienne qui avait résisté à tous les traitements employés. J'ai observé le même résultat pour le nerf brachial.

Parfois, pour les névralgies de la face, on a recours à la section, à l'excision ou à la cautérisation. Les deux premiers de ces moyens sont souvent suivis de paralysies plus ou moins persistantes et d'ailleurs ils ne donnent pas toujours le succès qu'on pouvait en espérer.

Pour M. Huchard, la névrotomie doit être réservée pour les névralgies périphériques exclusivement et porter parfois sur plusieurs branches nerveuses pour être efficaces ; encore doit-on craindre que la névralgie périphérique ne se transforme par le fait de l'opération en névralgie centrale en raison de la récurrence des filets nerveux.

D'après les expériences de Vulpian et de Dickinson, il se produirait à la suite des amputations des membres inférieurs une diminution de volume de la substance grise et de la substance blanche de la moëlle dans la région correspondante aux racines des nerfs du membre amputé ; d'où il résulterait que le traumatisme provoqué par la névrotomie peut exercer une influence salutaire sur le système nerveux central, ce qui laisserait quelque espoir de guérison par la section du nerf des névralgies centrales (1).

Ces faits rapprochent les névralgies centrales des névralgies périphériques suivant la judicieuse remarque de M. Huchard, mais en raison de l'intensité des douleurs et de leur résistance à tout traitement, il n'en faut pas moins conserver la névrotomie comme ressource ultime quelle que soit l'espèce de névralgie (2).

Le traitement des névralgies en particulier, varie suivant l'espèce de névralgie; comme dans les névroses de la sensibilité il faut s'attaquer d'abord à la cause et s'occuper ensuite de calmer la douleur.

Névralgie du tronc et des branches de la cinquième paire (n. trifaciale).

Causes ordinaires.	Fièvre larvée.	Sulf. de quin. ou ars.
	Syphilis générale.	Merc. et iod. de pot.
	Causes locales.	Les combattre chirurgicalement.
	Hémorrhoïdes. Troubles menstruels.	Hydroth. prépar. ferrug. pil. anti-névralg., eaux-min.
	Suppression d'éruption, la rappeler ou vésicatoire.	

Combattre la douleur, par les calmants,

(1) WAGNER, DE KŒNISBERG. *Archiv. für klinik Chirurgie*, 1870.
(2) LEVIÉTAN. *Traité des sections nerveuses*, 1873.

le chloroforme, l'éther, le chloral, les narcotiques à l'intérieur et à l'extérieur, la
morphine, la vératine, l'oxyde de zinc, le
froid, la valériane, l'eau de laurier cerise,
l'aconit et l'aconitine (Gubler) (1), le
froid, les barreaux aimantés, le transfert, la suggestion. Turnbull recommandait l'aconitine à l'extérieur sous forme de
teinture en friction, ou en pommade à la
dose de 0.06 centigrammes pour 4 grammes
d'axonge. On pourrait aussi recourir
aux injections sous-cutanées à la dose
d'un quart de milligramme, répétées plusieurs fois par jour. La vératrine réclame
comme l'aconit la plus grande prudence.
M. Huchard recommande, avant d'avoir
recours à l'aconitine, d'employer l'extrait
hydro-alcoolique de racine d'aconit aux doses croissantes de 1 à 4 centigrammes. L'essence de menthe appliquée au pinceau *loco
dolenti* a donné dans les mains de M. De-
lioux de Savignac d'excellents résultats (2).
Ce médicament a l'avantage de n'être pas
toxique. Si le nerf malade repose au niveau d'un plan osseux, la compression
forte et prolongée est aussi succeptible
d'atténuer la douleur (Bastien, Vulpian,
Romberg). Nous avons déjà cité les irri-

(1) GUBLER. *Nouvelles recherches sur l'action
thérapeutique de l'aconitine* (Bull. de thérap., 1894).
(2) *Gaz. méd. de Paris*, 1874, p. 484.

tants qui sont surtout indiqués dans les névralgies, les courants continus; les frictions à l'huile de croton (Ch. Bell) ont aussi leur indications que l'expérience détermine, mais quoiqu'on fasse, on est forcé de dire que l'emploi de tous ces moyens ne donne pas toujours de résultats satisfaisants, c'est alors qu'il reste la ressource de l'élongation, de la section, de l'excision ou de la cautérisation du nerf malade. Nous avons dit ce que nous pensions à ce sujet, nous n'y reviendrons pas. Il suffit d'ailleurs de se remémorer les échecs de ces tentatives hardies et la crainte de léser par l'opération des filets moteurs pour inspirer aux praticiens une sage réserve.

Névralgies des filets sensitifs des quatre premières paires cervicales ou névralgie cervico-occipitale.

Pour ne pas m'exposer à des redites je me contenterai de renvoyer les lecteurs aux paragraphes précédents en insistant sur les antispasmodiques et les révulsifs, les mouches ou vésicatoires morphinés répétés, les pointes de feu, la cautérisation transcurrente, et, parmi les procédés hydrothérapiques, la filiforme suivie d'une douche générale en jet brisé(1). Enfin dans

(1) Dr VERRIER-PASCAL, *Précis d'hydrothérapie scientifique,* 2e éd. p. 49. 1895.

les cas de périodicité il est clair que le sulfate de quinine se t rouve tout indiqué.

Névralgie des filets sensitifs des quatre dernières paires cervicales ou névralgie cervico-brachiale.

Ce sont encore les moyens ci-dessus décrits, qui sont mis à contribution : topiques, calmants ou révulsifs ; les vésicatoires morphinés et les frictions avec l'essence de térébenthine seront aussi employés avant de recourir aux opérations qui se pratiquent sur le nerf lésé. Enfin le sulfate de quinine s'il y a indication de son emploi.

Névralgie des filets sensitifs des nerfs thoraciques ou névralgie dorso-intercostale.

C'est une des névralgies les plus fréquentes, aussi le traitement en est-il un peu plus compliqué que les précédentes.

Névralgie simple	Les déplétions sanguines locales, la quinine même restent sans effet. Il en est de même des topiques et des calmants. Les vésicatoires seuls ont eu du succès.
Névral. sympath.	D'une dyspepsie : moyens hygiéniques et pharmaceutiques. D'une gastralgie : régime, pepsine, noix vomique, douche épigastriq. lavage stomacal. D'un état nerveux : ferrug. ton. calmants, douche générale.

Névralgies mammaire et lombo-abdominale
(filets sensitifs des nerfs lombaires).

Le traitement est celui des névralgies
en général, avec cette précaution que
dans la névralgie lombo-abdominale on
accordera une attention spéciale aux
organes contenus dans le petit bassin. Si la
névralgie a envahi l'utérus on peut cauté-
riser la muqueuse, mais il est plus sûr de
pratiquer la section du col (Malgaine).

Névralgies des membres inférieurs et névral-
gies multiples.

a) Névralgie crurale. — Même traitement que pour la suivante.

b) Névralgie sciatique, très fréquente et
très rebelle. La douleur peut être inter-
mittente ou continue. Dans le premier cas
on a recours aux antipériodiques, dans le
second, suivant que la névralgie occupe la
totalité ou une partie seulement du nerf
fémoro-poplité, le traitement sera plus ou
moins localisé. Mais avant ce traitement
local on dirigera un traitement général
contre l'anémie, le nervosisme, l'hystérie, la
syphilis, la goutte, le diabète, etc. Il faudra aussi tenir compte des blessures,
cicatrices, néoplasmes comprimant le nerf,
en soustrayant ce nerf à l'action de ces
causes par une intervention chirurgicale.

Quand l'élement douleur seul persiste,

on n'a que le choix entre les nombreux remèdes préconisés, mais il faut bien dire que cette abondance même prouve leur peu d'efficacité et la pauvreté de la thérapeutique. C'est ainsi que parmi les palliatifs on compte : les stupéfiants, les anesthésiques de toute espèce, les applications froides, les bains de vapeur térébenthinés, les révulsifs et, avec Valleix, les frictions mercurielles, enfin les vésicatoires volants, les pointes de feu et la cautérisation transcurrente. Plus souvent, dans la forme névritique de la sciatique, les courants continus et la douche filiforme donneront des résultats.

Trousseau recommandait un cautère pansé avec une pilule d'opium et placé en haut de la cuisse sur le trajet du sciatique. Mais M. Huchard dit, avec raison, que les injections sous-cutanées de morphine remplacent avec avantage toutes ces médications, sauf celles naturellement nécessitées par une cause d'ordre général. M. Cross recommande de faire ces injections profondément et de tâcher de les faire pénétrer jusque dans la gaîne du nerf.

M. Luton dans ses études sur la médication substitutive (1) a proposé d'injecter

(1) *Arch. de médecine*, 1863.

à l'aide de la seringue de Pravaz, dans le tissu cellulaire au niveau d'un ou deux points douloureux et le plus profondément possible 5 à 10 gouttes d'une solution de nitrate d'argent au 1/10 et il a réussi à guérir ainsi en quelques jours d'anciennes névralgies qui avaient résisté à tous les remèdes jusque là usités. Martinet a aussi obtenu de bons résultats avec l'essence de térébenthine employée à l'intérieur et à l'extérieur. D'autres remèdes ont été vantés tour à tour et abandonnés, mais rien ne vaut pour M. Huchard comme pour moi l'hydrothérapie et l'électricité.

Je n'entrerai pas dans le détail de la technique hydrothérapique. Ce sont gégóralement des médecins spéciaux qui dirigent ce traitement, ou il se fait dans des maisons consacrées à ce genre de traitement. Je dirai seulement qu'on a employé avec succès la douche écossaise, ou alternativement chaude et froide, ou encore une sudation à étuve sèche suivie d'une application de douche froide. Enfin je ne puis négliger de citer la douche filiforme qui nous rend tant de services dans les maladies nerveuses. Fleury, du reste, s'est expliqué au sujet des avantages procurés par l'hydrothérapie dans la névralgie

sciatique, dans son traité d'hydrothérapie (1).

On a aussi recommandé l'usage des
eaux sulfureuses ou salines dans lesquelles
l'élément thermal joue un grand rôle
comme Bagnères, Luchon, Aix, Néris,
Eaux-Chaudes, etc.

Quant à l'électricité, la faradisation et,
en particulier, la fustigation électrique ont
été recommandées par Duchenne, de Boulogne, et par le Dr Tripier (2).

Becquerel recommandait une méthode
qu'il appelait *hyposténisante* qui consiste
dans l'emploi de courants très forts à intermittences très rapides.

Les courants continus, la galvano-punc-
ture, font aussi partie de l'arsenal thérapeutique dirigé contre les névralgies.

(1) L. FLEURY. Traité Thérap. et Cliniq. d'hy-
drothérap. 4ᵉ édition, 1875, p. 585.
(2) A. TRIPIER. *De la révulsion électrique* (Cour-
rier médical) 1870.

IX

Névrites périphériques

(*Formes amyotrophiques.*)

Les névrites multiples ou plutôt les névrites périphériques ont donné lieu à des
discussions entre deux hommes de mérite,
le professeur Erb et le Dr Strumpel. Le
premier ne croit pas aux périnévrites primitives et toujours il fait rapporter les
névrites des nerfs périphériques à une
altération primitive de la moelle. Le second,
s'appuyant sur les autopsies qui démon-
trent l'intégrité des racines antérieures et
de la substance grise centrale de la moelle,
alors que les dégénérescences des nerfs des
extrémités sont très accusées, déclare que
ces névrites sont absolument primitives
comme les inflammations des autres tissus, muscles ou vaisseaux. M. le professeur
Raymond, tout en inclinant vers cette
doctrine, fait cependant remarquer qu'ex-
périmentalement on peut chez les animaux
provoquer une myélite de moyenne inten-

si. qui détermine à son tour des inflammations consécutives des nerfs, puis soignant et guérissant la névrite, si l'on sacrifie longtemps après l'animal en expérience, on trouve la moelle absolument intacte, tandis que les altérations des nerfs persistent. Il y aurait donc à tenir compte de ce fait dans l'appréciation de la théorie de Erb. Je me permettrai d'ajouter que quand on trouve le nerf radial par exemple ramolli et grossi au point d'atteindre le volume du doigt et cela près du pouce sans que dans tout son trajet centripète ni dans la moelle correspondante on ne trouve aucune altération, il est bien difficile d'admettre qu'il n'y ait pas des névrites périphériques primitives sous l'influence du froid ou d'un traumatisme ou de toute autre cause. Ne voyons-nous pas, par exemple, chez les peintres en bâtiment l'atrophie musculaire commencer par la main qui tient le pinceau? Pourquoi n'en serait-il pas de même pour les nerfs?

Or, au point de vue du traitement, bien qu'il soit peu efficace dans les amyotrophies dues à des névrites, encore faut-il tenter quelque chose et l'aquapuncture au début a pour nous une efficacité que n'a pas toujours l'électricité et encore moins les autres remèdes.

En effet, si la névrite est d'origine centrale, il faut pratiquer l'aquapuncture sur

les côtés de la colonne vertébrale de haut
en bas en la faisant suivre d'une douche
générale; si, au contraire, nous sommes
persuadés que la névrite a débuté par la
périphérie, c'est sur les points malades
qu'il faut faire porter le traitement et dans
ce cas je serais plus disposé à donner la
préférence à la faradisation. Peut-être alors
la strychnine pourrait-elle rendre quelques services en frictions dans une pommade appropriée.

Voir pour le reste du traitement ce que
nous avons dit au sujet des atrophies musculaires et de toutes les atrophies en général.

Les névrites cardiaques, qui donnent
souvent lieu à l'angine de poitrine (Michel
Peter) et qu'il ne faut pas confondre avec
les névralgies du cœur, réclament encore
la révulsion locale; mais on comprendra
facilement que, pendant l'accès si douloureux d'*angor pectoris*, il ne puisse s'agir
d'hydrothérapie; c'est aux antiphlogistiques qu'il faudra recourir : saignée (Las-
sègue) sangsues, ventouses; pointes de feu
et vésicatoires si le sujet est trop anémique.

M. Peter recommandait aussi la morphine
en injections hypodermiques à hautes
doses comme anesthésique. Je crois qu'il
faut être sobre de cette pratique malgré la
violence de la douleur. Mais dans l'intervalle des accès la meilleure révulsion est

encore la douche filiforme sur la région précordiale suivie de l'enveloppement avec friction générale au drap mouillé. Chez les cardiaques il faut, autant que possible, éviter la douche en jet. On complètera la médication interne par le bromure de potassium.

X

Paralysie agitante ou·maladie de Parkinson

Maladie de l'âge mûr caractérisée par un tremblement spécial, de la raideur musculaire, de l'antépulsion ou de la rétropulsion et une sorte de ralentissement dans l'accomplissement des mouvements volontaires.

C'est Parkinson l'auteur qui a le mieux étudié cette singulière maladie ; aussi lui a-t-on donné son nom qui convient mieux il est vrai que celui de paralysie agitante, car, après tout, s'il y a ralentissement des facultés motrices, il n'y a pas paralysie.

Les causes de cette maladie sont très obscures, encore mal étudiées ; cependant Charcot et son école font jouer aux émotions un rôle prépondérant dans la venue de la maladie. On a accusé aussi l'influence du froid humide. Nous avons soigné à Passy un malade qui nous avait été envoyé par M. Féré chez lequel on ne pouvait invoquer que cette cause par l'habitat pendant plusieurs années d'un bureau froid et humide. Enfin l'irritation des nerfs périphériques paraît aussi avoir sa part dans la production du mal.

Nous renvoyons pour la symptomatologie au traité des névroses d'Axenfeld, revu et annoté par Henri Huchard (2 éd.).

Quand aux lésions anatomiques, elles existent dans certains cas, soit dans l'encéphale, soit dans la moelle, mais elles ne sont pas constantes (Charcot, Raymond).

On ne connaît pas de traitement spécial pour cette maladie. Il faudra le subordonner à l'opinion qu'on se sera faite sur la nature du mal. En raison de la parésie des mouvements, les excitants de l'action nerveuse comme les strychnos ou l'électricité semblent indiqués. Dans les observations qui ont été publiées la strychnine a plutôt augmenté le tremblement, il en est de même de l'opium et du nitrate d'argent, mieux vaudrait recourir aux modérateurs de l'excitation nerveuse, bromure de potassium, mono-bromure de camphre, bains chauds, hyosciamine, et généralement toute la série des antispasmodiques.

Mais il n'y faut pas beaucoup compter. Je n'en dirai pas autant de la franklinisation et de la galvanisation qui, dans quelques cas, rares, il est vrai, ont donné des résultats encourageants.

L'iodure de potassium pour peu que le

sujet ait eu la syphilis en a donné aussi, à la dose de 1 à 3 grammes par jour et même dans des cas où il n'y avait pas eu de vérole.

Les bains chauds de 25 à 30 minutes sont favorables à la guérison.

Mais le meilleur moyen est encore l'hydrothérapie, notamment l'aquapuncture sur les membres parésiés. Ce procédé réveille l'activité nerveuse sans procurer d'irritation, si on a soin de l'appliquer le soir et de le faire suivre d'une douche en pluie qui procure un bon sommeil. M. de Ranse recommande les bains de Néris. Je ne suis pas éloigné de croire à leur efficacité.

Les courants continus qui avaient été très vantés par Remak, Renolds, Chéron ne paraissent pas réussir dans tous les cas. Cependant Chéron a publié un succès complet sur 7 cas soumis à son observation et une amélioration dans les 6 autres cas. Reste à savoir si cette amélioration s'est maintenue. Toutefois ces courants sont indiqués lorsque le tremblement est limité à un membre. On se sert alors de la chaîne de Pulvermacher enroulée sur le membre malade.

Benedikt dirigeait le courant de la moelle aux nerfs ou mieux de la moelle à l'émergence probable des racines nerveuses. Dans deux cas de maladie de Parkinson que nous avons eu à soigner à la clinique de Passy nous avons obtenu un succès et le second cas est resté stationnaire. C'est déjà quelque chose ; il est vrai, que la marche de la maladie est fort longue et une fois hors de notre observation nous ne savons plus ce qui se passe.

Voici en quoi a consisté le traitement : Hydrothérapie générale. Quatre gouttes liqueur de Fowler avant chaque repas, un cachet de 25 centigrammes de napthol après le repas (il faut faire l'antisepsie abdominale en raison de la constipation presque toujours constante des malades). En même temps quelques pilules de podophylle pour combattre précisément cette constipation.

Le soir une cuillerée à soupe d'une solution de bromure de strontium.

L'électricité n'a pas été employée.

Le phosphure de zinc, l'huile phosphorée ont aussi leurs partisans (Gueneau de Mussy, Vulpian), il en est de même de l'ergot de seigle (Charcot) de l'ergotinine (Huchard) qui ne paraissent pas devoir rester dans la thérapeutique de la paralysie agitante, si ce n'est peut-être pour améliorer un peu le tremblement.

Pour cet effet il n'est encore rien de préférable aux injections sous-cutanées de solutions arsenicales, telles que nous les avons formulées pour la chorée (voir :

Chorée) on les pratique à la nuque ou dans la région dorsale.

Mais quoiqu'on fasse, cette maladie est une des plus rebelles à tous les traite-ments et celle dans laquelle la thérapeu-tique est presque toujours impuissante.

XI

Paralysies et contractures hystériques

Bien que nous ayons fait la thérapeutique de l'hystérie nous croyons devoir revenir plus spécialement sur celle des paralysies et des contractures hystériques.

Dans les deux cas, qui souvent reconnaissent la même cause, il y a impuissance motrice, mais alors que dans la paralysie la tonicité musculaire est conservée, affaiblie ou légèrement accrue, dans la contracture elle est exaltée à un haut degré, d'où un traitement différent pour chacune d'elles.

Il va sans dire que dans les deux cas on aura d'abord à traiter l'hystérie elle-même, puis on s'adressera à l'électrothérapie; ainsi pour la paralysie on aura recours à la faradisation, en veillant à ce que ce procédé ne provoque pas une contracture permanente (Paul Richer). On tâtera donc la susceptibilité du sujet, pour cela on se basera sur l'exagération des réflexes, les secousses spontanées, la trépidation qui devront faire craindre la survenance d'une contracture par action réflexe.

Dans la contracture, au contraire, loin d'employer la faradisation, on aura recours aux courants continus (Remak).

Onimus et Legros conseillent de les appliquer en descendant sur la colonne vertébrale, sans négliger l'application sur le membre contracturé.

Quant à l'électricité statique elle aura surtout son effet sur la névrose générale et pourra être aussi bien employée dans la paralysie que dans la contracture.

La métallothérapie, comme tous les esthésiogènes, a une action marquée sur les contractures accompagnés d'anesthésie de la peau, mais nullement lorsque la contracture est douloureuse.

Quant aux paralysies elles se trouvent mieux de l'emploi de l'aimant et du transfert, mais ce n'est pas sans risquer de produire une contracture dans la partie où se fait l'application, contracture cédant ensuite au massage il est vrai, mais ne modifiant en rien l'état paralytique.

Puisque nous parlons du massage, mettons le praticien en garde, non contre ses bons effets sur la nutrition générale, mais sur la difficulté de l'appliquer en raison des zones d'hyperesthésie et des points hystérogènes qui se rencontrent dans l'hystérie. D'ailleurs ce mode de traitement ne

saurait convenir dans la contracture surtout si elle est douloureuse, car alors le
massage serait contre-indiqué.

M. le Dr Paul Richer, ne craint pas le
massage au même degré que nous (1) car,
d'après lui, les mêmes procédés qui
amènent la contracture chez les hystériques peuvent aussi la guérir. Il recommande donc, en présence d'une contracture spontanée, d'essayer tour à tour, le
massage, la friction et la faradisation des
muscles antagonistes, le choc sur les tendons, l'irritation de certains nerfs, l'application des vibrations d'un diapason, la
faradisation cutanée locale, auxquels on
pourrait ajouter le massage vibratoire préconisé par le Dr Garnault dans le traitement des affections des voies respiratoires (2).

Pour M. Paul Richer l'influence du
moral sur le physique aurait une grande
influence sur les contractures hystériques,
et l'on doit y avoir recours chaque fois
que la contracture résiste à l'emploi des
moyens que nous venons de passer en
revue. C'est ce qui constitue le traitement
mental qu'il ne faudrait pas confondre
avec l'hypnotisme.

---

(1) P. Richer. *Paralysies et contractures hystériques*, Paris, 1892.

(2) 11e Congrès international de Rome, 1894.

Il consiste dans l'isolement absolu du sujet, c'est-à-dire l'écarter de ses parents comme du lieu où l'affection s'est developpée et le confier à des personnes sûres, inspirant confiance ou crainte au malade, lesquelles appliqueront le traitement avec fermeté et régularité, sans faiblesse pour les caprices ou les fantaisies de la malade. C'est dans ses conditions que M. Charcot a obtenu de si beaux et si légitimes succès en adressant les intéressés à l'établissement hydrothérapique Fleury-Pascal, à Passy, où indépendamment du traitement moral on les soumettait régulièrenment aux manœuvres hydrothérapiques sur lesquelles nous reviendrons plus loin.

Guéneau de Mussy recommandait un autre moyen d'action sur le moral du malade, qui consistait dans la provocation d'une émotion thérapeutique si l'on peut s'exprimer ainsi, en ordonnant ostensiblement un remède très énergique ou plutôt un poison et en secret un antidote pour le cas ou l'empoisonnement se manifesterait. Enfin, en maintenant près du sujet en traitement deux gardes susceptibles de lui donner tous les soins reconnus nécessaires.

J'arrive à l'hydrothérapie. Je ne veux pas rééditer tout ce que j'ai dit de cette méthode à propos de l'hystérie. J'y renvoi d'ailleurs le lecteur. Qu'il me soit seulement permis d'ajouter que la contracture avec ou sans anesthésie cède le plus souvent à l'administration de l'aquapuncture (douche filiforme). Ce procédé s'il y a anesthésie sera appliqué directement sur le membre malade avec le n° 1 ou le n° 2 de l'embout distant de 20 centimètres du malade.

Si, au contraire, la contracture s'accompagne de douleur on agira sur les muscles antagonistes avec l'embout n° 2 ou n° 3 suivant la sensibilité du sujet à la distance de 0,30 centimètres.

Il va sans dire que chaque séance d'aquapuncture sera suivie d'une douche générale sédative de courte durée, d'un léger massage suivi lui-même d'une marche au pas accéléré pendant un quart d'heure à vingt minutes.

Enfin, il est encore un autre mode de traitement préconisé par certains médecins et qui tantôt donne des résultats et tantôt des revers, sans qu'on puisse *a priori* dire ce qui résultera de son emploi tant les circonstances personnelles du côté du malade comme du médecin sont compliquées et importantes. J'entends parler de la suggestion hypnotique.

Il est certain que l'hypnotisme agit favorablement chez les hystériques, mais toutes les hystériques ne sont pas hypnotisables, et dans certains cas, même, ce procédé est susceptible de provoquer l'hystérie. Il conviendra donc d'être sobre de cette pratique.

D'après M. le professeur Pitres (de Bordeaux), il serait bon que le médecin soit sollicité par la malade plutôt que de prendre lui-même l'initiative ; ensuite si c'est une jeune fille il faut avoir le consentement des parents, celui du mari si c'est une femme mariée. Il ne faut jamais endormir une malade sans témoins et enfin il est important de ne lui suggérer que des choses utiles à sa guérison et se garder de toute recherche de pure curiosité, même dans un but scientifique (1).

C'est bien encore par l'influence morale que réussit la suggestion hypnotique, mais comme cette suggestion concentre toute l'activité du système nerveux sur un point de l'économie et que déjà le système nerveux des hystériques est très excité, il est à craindre que la perturbation déterminée par l'hypnose dans le fonctionnement de ce système n'amène des désordres généraux plus grands que les désordres fonctionnels auxquels on voudrait remédier.

Dans un article que j'ai publié dans le n° 30 de la *France médicale* 1893, j'ai envi-

____

(1) Voir le *Traité clinique sur l'hystérie*, par le professeur Pitres (de Bordeaux).

sagée deux formes de contractures hystériques : *a) les contractures permanentes*;
b) les contractures de formes psychiques ou
psycho-physiques.

Les premières s'accompagnant presque
dans tous les cas de lésions de l'écorce
cérébrale opposeront à la suggestion hypnotique une résistance pour ainsi dire
désespérante.

Les secondes, au contraire, qu'on pour-
dénommer *sine materia* et que Dally appelait
pseudo contractures sont très susceptibles
de guérir par la suggestion, mieux même
qu'avec l'électricité ou l'hydrothérapie.

Ces contractures ne s'accompagnent généralement pas de troubles de la sensibilité. Elles peuvent siéger sur l'un ou l'autre
membre qui prend alors une attitude
bizarre n'obéissant à aucune loi, comme
par exemple le pied bot hystérique. Il sera
alors impossible d'imprimer le plus léger
mouvement aux parties contracturées.

Mais, d'après la remarque de M. P. Richer, la somnambule hypnotique n'est pas
une pure automate ; elle peut opposer une
résistance très grande aux suggestions et
l'insistance du médecin dans ces cas peut
provoquer des crises dangereuses. Aussi
M. Richer propose-t-il quand on rencontre
un sujet rebelle à la simple suggestion
de pousser l'hypnotisme jusqu'à l'état de
catalepsie. Dans ce nouvel état la malade

perd la conscience du moi et devient cette fois une véritable automate sur laquelle la suggestion aura son effet habituel.

Malheureusement la guérison n'est souvent que temporaire tant que la malade est sous l'influence de sa diathèse. C'est pour cela que quelque soit le traitement choisi, il ne faut pas négliger les pratiques de l'hydrothérapie générale si utiles dans toutes les manifestations de l'hystérie.

Enfin, dans certains cas rares de rétractions fibro-tendineuses immobilisant le membre dans une attitude vicieuse fixée depuis longtemps, la section des tendons et des brides fibreuses ou la rupture des ankyloses appellent l'intervention du chirurgien. Mais en dehors de ces cas bien spécifiés le traitement chirurgical sera absolument proscrit de toutes paralysies ou contractures.

Il en sera de même pour l'orthopédie, sauf les cas cités plus haut ou un appareil plâtré ou autre peut, après la section des tissus ou la rupture des ankyloses, rendre des services en conservant au membre l'attitude normale que lui a rendu le chirurgien.

Je ne voudrais pas finir cet article sans indiquer dans l'arsenal des préparations pharmaceutiques, celles qui, étant donné l'état hystérique des malades, peuvent avoir sur cet état quasi psychique une influence plus ou moins marquée.

Les anciens ont abusé des émissions sanguines, dont on retrouve pourtant encore l'indication chez certains sujets à constitution sanguine. Ils sont rares. La strychnine en pommade ou même à l'intérieur est un remède qui peut rendre des services, mais il faut le proscrire dans les contractures. La vératrine à l'extérieur est plutôt employée contre les névralgies. Les purgatifs drastiques employés loin du début du mal ont leur utilité. Le valérianate d'ammoniaque ou de zinc, l'iodure de zinc associé ou non à la strychnine, les douches aromatiques, les liniments stimulants, le rhus radicans dans la paraplégie (Trousseau), la picrotoxine, les solanées vireuses contre les contractures spasmodiques en particulier l'hyosciamine à la dose de 0,001 ont donné des succès certains. Enfin dans les contractures musculaires je ne saurais trop recommander les bains de vapeur, les bains sulfureux, les eaux salines et les bains hydro-électriques.

XII

Paralysie spinale antérieure et polio-myélites

Le traitement de la paralysie spinale antérieure subaiguë et chronique (forme d'Erb) se confond avec celui des polio-myélites aiguës et chroniques, c'est pourquoi nous les avons réunis dans le même article pour le traitement.

Pendant la période paralytique du début, l'aquapuncture, les pointes de feu alternés le long de la colonne vertébrale, ou encore les vésicatoires volants peuvent être tour à tour employés.

Les douches générales et la douche spinale en jet brisé, le bain de cercle, l'enveloppement dans le drap mouillé, la douche écossaise chaude et froide alternativement, sont aussi de puissants révulsifs.

Enfin, on a recommandé les purgatifs qui agissent comme dérivatifs et à l'intérieur l'iodure de potassium, le seigle ergoté, les bromures, l'arsenic, la vératrine, etc., la teinture alcoolique de noix vomique, de rhus radicans, l'esprit ammoniacal, etc. (Voir *Thérapeutique des paralysies.*)

Enfin, lorsque la période atrophique n'a pu être évitée on aura recours encore à l'aquapuncture avec l'embout n° 1 et en plaçant cet embout à 0,20 centimètres de la colonne vertébrale avec une pression de 15 à 20 atmosphères. L'électricité rendra aussi beaucoup de services. (Voir *Thérapeutique des atrophies musculaires.*)

XIII

Des pseudo-tabes

L'on sait que certaines affections nerveuses présentent parfois quelques symptômes propres au tabes vrai, mais que l'absence constante de certains signes pour ainsi dire pathognomoniques du tabes vrai, les font distinguer, du vivant même des malades de cette dernière maladie. Ce sont ces affections que l'on a réunies sous le nom de pseudo-tabes. La plupart dépendent d'une polynévrite ; quelquefois de lésions spinales ou bien sont l'expression d'un simple trouble dynamique. Elles sont donc essentiellement polymorphes et naturellement, la thérapeutique, dont nous nous occupons exclusivement dans ce livre, sera également variable et pour ainsi dire symptomatique.

M. le professeur Raymond admet cinq espèces du pseudo-tabes, savoir (1) :

---

(1) *Maladies du syst. nerveux ; Scléroses systématiques de la moelle.* (F. Raymond. Paris, 1894, p. 296.)

1º Pseudo-tabes d'origine toxique.
2º   »   »   diabétique (*auto-intoxication*).
3º Pseudo-tabes d'origine infectieuse.
4º   »   »   hystérique et neurasthénique.

Je renvoie à son livre pour la description magistrale de la symptomatologie de ces affections, afin aborder de suite la question thérapeutique.

Si le traitement du *tabes dorsalis* vrai donne peu de chance de succès, il n'en est pas de même de celui des pseudo-tabes, et bien souvent la guérison d'un pseudo-tabes a été prise à tort comme la guérison d'un tabes vrai et a donné au médecin une réputation qu'il devait plus au hasard qu'à son habileté, car souvent lui même avait méconnu la nature du mal, ce qui, d'ailleurs, mettait sa bonne foi hors de cause.

Si, les ressources de la thérapeutique sont impuissantes contre les lésions centrales qui constituent le tabes vrai, dans les différentes formes du pseudo-tabes les lésions intéressant exclusivement les nerfs périphériques sont accessibles à nos moyens d'action, sauf dans un très petit nombre de cas où les centres nerveux peuvent aussi être atteints (pseudo-tabes ergotinique). Même dans ces cas exceptionnels le praticien est encore en droit, si la maladie n'est pas trop ancienne, de porter un pronostic favorable. Il faut, au préalable envisager la cause de la maladie et soustraire le malade à cette cause pour le placer dans les conditions hygiéniques favorables à la guérison. Il est bon aussi, au point de vue du pronostic comme du traitement, de mettre en ligne de compte, dans certains pseudo-tabes d'origine infectieuse ou toxique, la maladie principale qui, par son degré de développement, pourrait par elle-même menacer la vie du malade (*phthisie, diabète, diphtérie*), etc.

a) Pseudo-tabes d'origine toxique, diabétique ou d'origine infectieuse. — L'intoxication peut se produire par alcoolisme, saturnisme, intoxications cuprique, arsenicale, nicotinique, ergotinique, par l'acide carbonique, l'oxyde et le sulfure de carbone. C'est surtout dans les pseudo-tabes d'origine alcoolique que l'on pourra faire usage des préparations de strychnine. Si ce médicament ne détourne pas les malades de leur passion favorite, au moins les guérira-t-il des manifestations existantes du pseudo-tabes. Sous ce rapport la strychnine est un précieux médicament.

On l'administre sous forme de sulfate en solution hypodermique ; ou bien par la voie gastrique en pilules (extrait de noix vomique).

9.

℞ Extrait alcool. de noix vomi-
que................................. 5 gr.
Poudre de guimauve.......... q. s.

F. S. A. 100 pilules; de 2 à 6 et 8 par jour
graduellement ; ou bien encore, s'il y a
apepsie, gouttes amères de Baumé 1 à 6
gouttes dans un peu d'eau avant chaque
principal repas.

On peut aussi donner : granules dosi-
métriques d'arséniate de strychnine, de 4
à 6 et 8 par jour ou bien en

injections sous-cutanées { ℞ Sulfate de stry-chnine .... 0 gr. 04
Eau distillée stéri-lisée............ 10

F. une injection matin et soir d'une
demi seringue Pravaz chaque fois.

Les docteurs Chéron et Roussel, recommandent les injections hypodermiques de
phosphate de soude, sans intervention de
glycérine qui nuit à l'absorption.

℞ Phosphate de soude 0 gr. 10 cent.
Eau distillée .... 1 gr.

pour une injection, à répéter matin et
soir. M. Raymond se rallie à cette pratique et considère le phosphate de soude
comme un névrosthénique.

Dans les pseudo-tabes d'origine saturni-
que, outre les purgatifs drastiques, la
limonade alumineuse, et, lorsque la douleur est vive, les opiacés; on aura recours

à l'Iodure de potassium dont l'utilité n'est pas douteuse aussi bien dans les polynévrites que pour faciliter l'élimination du plomb.

On le donne dans ces cas à la dose de 1 à 2 gr. par jour, à continuer pendant longtemps.

℞ Sirop d'écorces d'oranges
amères...................... 300 gr.
   K I...................... 15 gr.

une cuillerée à dessert ou à bouche matin et soir.

Les gouttes amères de Baumé peuvent encore trouver ici leur application. La strychnine a toujours son utilité.

Les autres pseudo-tabes ne réclameront, outre la médecine des symptômes, que l'intervention de peu de remèdes pharmaceutiques. Pourtant il sera bon dans les pseudo-tabes infectieux d'instituer l'antisepsie gastro-intestinale avec le naphtol associé ou non au sous-nitrate de bismuth ; 0,50 centigrammes de chaque en cachets, à prendre 1 après chaque repas. On peut aussi se servir du salol à la même dose et sous la même forme.

Chez les arthritiques on remplacera le sous-nitrate de bismuth par le salicylate de la même base et si les accidents tabétiques sont le résultat d'une polynévrite *a frigore* on prescrit directement le salicylate de soude, pour combattre l'élément douloureux, 2 grammes à 4 grammes et jusqu'à 6 grammes par jour. C'est encore dans ces tabes d'origine infectieuse (diphthérie, fièvre typhoïde, etc.) que la strychnine rend d'importants services. On ne manquera pas de prescrire chez les neurasthéniques, là, où le surmenage intellectuel a été pour quelque chose dans les symptômes pseudo-tabétiques, le phosphore 0,004 mil. pour un gramme d'huile d'Eucalyptol en injection hypodermique : une demi seringue de Pravaz matin et soir. Enfin on on aura également recours à certaines formules diététiques dont je parlerai plus loin. A ces remèdes assez peu nombreux, comme on voit, il faudra ajouter dans tous les cas de pseudotabes, quelle qu'en soit l'origine, la *faradisation*, la *galvanisation* ou la *franklinisation*.

La faradisation de la peau agit tout à la fois comme révulsif et comme calmant, dans les pseudo-tabes d'origine périphérique, ou, encore, lorsque la cause en est mal définie.

Contre les douleurs locales on fera la faradisation localisée, en promenant sur les zones douloureuses le pinceau faradique relié au pôle positif, tandis que le pôle négatif sera mis en communication avec le sternum par l'intermédiaire d'un large réophore revêtu d'une peau humide.

Le courant sera aussi fort que le malade pourra le supporter.

Chez les neurasthéniques la faradisation généralisée sera préférée. Nous décrirons la technique de ces opérations à l'art. *Tabes dorsalis*; disons seulement que, si l'on veut électriser la tête du patient, surtout la région frontale, il sera bon d'interposer la main de l'opérateur entre l'électrode positive et le front du malade. Cette électrode sera munie d'une éponge mouillée. Le courant, d'abord faible, sera renforcé peu à peu et l'opérateur passera successivement du front aux tempes et de là à l'occiput, sur la nuque et le long de la colonne vertébrale en renforçant encore le courant. Si l'on rencontre des points plus douloureux dans ce trajet descendant, on y insistera davantage ; de même que si l'on en trouve aussi dans d'autres régions du corps. On diminue ensuite peu à peu l'intensité du courant pour faradiser le cou, les régions pectorale et précordiale. Au contraire, particulièrement chez les saturnins, on augmentera cette intensité au moment de faradiser l'abdomen jusqu'au point de produire non-seulement la contraction des muscles abdominaux, mais encore celle des intestins. Enfin on terminera la séance, qui aura une durée totale de

15 à 20 minutes, par une forte faradisation des muscles des membres et du dos.

Nous avons déjà dit qu'un jour de repos était nécessaire entre chaque séance ; du reste on se réglera à cet égard sur la susceptibilité du malade.

La galvanisation, dont nous parlerons aussi à propos du tabes, a été préconisée dans les pseudo-tabes, comme exerçant une action résolutive sur les altérations des nerfs périphériques. On l'emploierait alors concurremment avec l'iodure de potassium. Le pôle négatif fixe sera placé au niveau de la région vertébro-cervicale, lorsqu'il s'agira d'une névrite des membres supérieurs ; tandis que le pôle positif sera promené sur le trajet des nerfs malades. S'il s'agit des membres inférieurs le pôle négatif sera fixé sur la région vertébro-lombaire ou sacrée, tandis que son opposé agira sur les nerfs malades en insistant, comme nous l'avons dit pour la faradisation, sur les points douloureux. Les deux électrodes seront humectées en raison de l'action catalytique des courants de pile. L'intensité de ces courants ne dépassera pas 10 à 15 milliampères et la durée de la séance 10 minutes.

C'est surtout dans les pseudo-tabes neurasthéniques avec surmenage que la franklinisation fera merveille.

*b) Pseudo-tabes de nature hystérique,
neurasthénique ou par surmenage.*

Il y a peu d'années la *franklinisation* ou
électricité statique appliquée à la médecine dormait encore d'un sommeil sécu-
laire et hormis les cabinets des physiciens
nul ne possédait les appareils producteurs
de l'électricité.

Mais le réveil s'est fait, et, pour ne parler que de la Salpêtrière, M. le Dr Vigouroux s'en est fait le vulgarisateur.

Aujourd'hui ce système d'électrisation
est devenu de mode dans le traitement de
l'hystérie et de la neurasthénie.

M. le professeur Raymond lui préfère
toutefois, pour ces dernières affections, la
faradisation généralisée telle que nous
l'avons décrite. Cependant les praticiens
qui posséderont soit la machine de Carré,
soit toute autre, pourront faire usage du
bain électrique dans les pseudo-tabes hystérique ou neurasthénique. Il procurera au
patient un sommeil réparateur. Nous en
avons donné ailleurs la thecnique, nous
n'y reviendrons pas. Qu'il nous suffise de
signaler les bons résultats obtenus par les
spécialistes dans les polynévrites qui s'accompagnent de douleurs très vives.

De plus l'électricité statique présente
l'avantage dans les cas où le surmenage
a été la cause de la dépression physique
et de la dénutrition, de réveiller l'appétit,

d'améliorer les fonctions digestives, de rendre au malade de la vigueur, de l'entrain, et, si l'on a pris soin de peser le sujet avant le traitement, on ne tarde pas à constater, avec le retour des forces, une augmentation de poids et un embonpoint visible à l'œil.

C'est donc là un remède héroïque contre ce que l'on a appelé la cachexie nerveuse. Le massage peut à son tour réveiller la sensibilité musculaire diminuée ou abolie, activer la nutrition et, aidé des enveloppements au drap mouillé, il agit puissamment sur les nerfs périphériques dans les polynévrites.

Mais comme procédé hydrothérapique, rien ne vaut dans ce cas, le bain de cercle et mieux encore l'aquapuncture ou douche filiforme appliquée sur le trajet des nerfs malades et suivie d'une douche générale en jet brisé.

Quant aux prescriptions diététiques dont nous avons parlé plus haut, elles consistent dans le repos, les bains tièdes prolongés, une alimentation réparatrice, l'administration des amers, des toniques, à l'exception du fer, mais de l'hémoglobine par exemple, du quinquina et de la kola.

Si le pseudo-tabes est d'origine infectieuse ou le résultat d'une intoxication, on se trouvera bien du régime lacté, car le lait est un diurétique qui favorise l'élimination de l'agent toxique. Si ce régime est mal supporté on peut le remplacer par de la lactose, 50 gr. pour un litre d'eau aseptisée ; ce produit agit de la même façon que le lait et ne coupe pas l'appétit.

Telles sont, en somme, les remèdes à employer dans les pseudo-tabes en les accompagnant d'une hygiène et d'un régime appropriés.

XVI

Des scléroses systématiques.

I. — *Maladie de Friedreich*
(*Forme juvénile héréditaire de l'ataxie*)

C'est une maladie familiale, due à des scléroses systématiques combinées, que Charcot qualifiait de tabéto-cérébelleuse. Elle se révèle, au début, par l'ataxie des membres supérieurs, des mouvements involontaires, de l'ataxie statique, avec sensibilité musculaire conservée (c'est le contraire dans le tabes dorsalis); il en est de même pour la sensibilité cutanée; il existe généralement du nystagmus transversal et bilatéral, mais sans troubles de la vue; de l'embarras de la parole (balbutiement) avec abolition du réflexe du genou (sig. de Westphal). Enfin, on a noté des troubles sécrétoires, de la scoliose et des déformations du pied (pied bot). Ce dernier signe aurait une grande valeur, bien qu'il n'ait pas été noté par Friedreich; mais déjà Duchenne (de Boulogne) et Bouvier avaient appelé sur lui l'attention dans la maladie qu'ils appelaient *paralysie atrophique de l'enfance* et qui n'est pas sans rapports avec celles que nous étudions.

Le traitement, dont nous devons surtout nous occuper, est malheureusement encore à trouver. Le nitrate d'argent, qui a été donné à doses ascendantes et progressives, n'a rien produit. La suspension n'a rien donné. Pour que le praticien ne soit pas désarmé, il n'est encore tel que l'hydrothérapie, notamment la douche filiforme spinale. Mais le pronostic néanmoins reste très grave.

II. — *Sclérose primitive des cordons latéraux.*

Cette lésion constitue, d'après le plus grand nombre d'anatomo-pathologistes, le substratum de la paralysie spinale spastique d'Erb ou du tabes spasmodique de Charcot. Je dois dire que mon excellent maître, M. le professeur Raymond, craint que ce dernier nom, qui a prévalu dans la nomenclature française, ne donne à penser à l'existence d'analogies plus ou moins étroites entre la paralysie spinale spasmodique et le tabes dorsalis et n'induise le praticien en erreur.

Ce n'est même point un pseudo-tabes, c'est plutôt un syndrome qui se manifeste par une parésie motrice débutant par les membres inférieurs et à laquelle s'ajoute de la contracture des muscles paralysés avec exagération des réflexes tendineux et trépidation épileptoïde.

De même, M. Raymond a aussi démontré que la sclérose des cordons latéraux, dans cette affection, n'était pas toujours primitive et que même quelquefois ces cordons avaient conservé leur structure normale.

Quoi qu'il en soit, lorsque l'excitabilité galvanique et faradique des nerfs moteurs n'est que légèrement diminuée, on peut conserver l'espoir de la guérison par l'électricité, l'hydrothérapie ou le massage gymnastique. C'est ainsi que l'on a constaté des guérisons certaines de la paralysie spinale spasmodique, mais lorsque l'excitabilité nerveuse est abolie c'est que la sclérose a envahi les cordons latéraux; le seul espoir qui reste, c'est l'aquapuncture spinale de chaque côté de la colonne vertébrale, poursuivie avec persévérance et suivie chaque fois d'une douche sédative.

III. — *Sclérose des cordons de Goll et scléroses ascendantes secondaires.*

Sauf les cas de complications de maladies diathésiques, c'est encore à la médication externe, et notamment à la révulsion, que le praticien devra recourir.

Dans les lésions secondaires, il peut se développer des contractures qui, d'abord transitoires, peuvent devenir permanentes. Elles diminuent pendant le repos et tendent au contraire à augmenter sous l'influence des émotions. Les mouvements volontaires du membre sain les exagèrent. On a fondé sur ce fait, qui est réel et a été observé par Seguin et Hitzig, une méthode de traitement de la contracture elle-même. C'est ainsi qu'étant donnée une contracture à droite, il ne faudra jamais faire travailler le membre gauche sous peine d'augmenter la contracture du côté droit; mais, au contraire, par le massage et les courants continus appliqués sur le membre contracturé, améliorer cette contracture, car il ne faut pas songer à la guérir.

Il est des cas, rares il est vrai, où le malade a pu récupérer les mouvements volontaires, mais d'une façon générale ces contractures sont un signe d'incurabilité.

Quant au traitement de ces scléroses, s'il n'y a pas concurremment d'atrophie musculaire, la faradisation ne saurait être employée, de même que dans le *tabes spasmodique*, sans atrophie.

On se trouvera bien au contraire, dans ces trois formes de myélites, des courants continus dont nous avons parlé à propos des contractures. Remak les recommandait à l'exclusion des courants induits.

Il faisait appliquer en même temps, au début de la maladie, des sangsues à la nuque ou des douches chaudes pour réveiller l'excitabilité des cellules ganglionnaires. Onimus et Legros appliquent également les courants continus pendant cinq à dix minutes en plaçant le pôle positif au niveau de la moelle et le négatif vers la périphérie. Le Fort les appliquait plus faibles que les auteurs précédents, mais il les faisait passer d'une façon permanente pendant des jours et des semaines, en ayant soin d'envelopper les plaques des électrodes de compresses mouillées. On humecte constamment ces compresses et on surveille la peau du malade.

Il est évident que si la peau devenait trop rouge et, *a fortiori*, s'il survenait de la vésication, on suspendrait les courants.

L'hydrothérapie évite ces inconvénients. On donne alors le jet brisé et quelquefois même le jet plein dirigé sur la colonne vertébrale et la douche générale en pluie sur le reste du corps.

C'est aussi une indication précise de l'aquapuncture qui, si elle ne guérit pas mieux que l'électricité, arrête du moins le développement du processus de la sclérose. A défaut d'appareil, on peut y suppléer par les pointes de feu.

Dans ces dernières années, la mode ayant fait abandonner les courants continus en faveur de l'électricité statique, on pourra employer le bain électro-statique qui peut se donner concurremment avec la douche générale.

Pour remplacer l'aquapuncture, on pourra pendant la durée du bain statique tirer quelques étincelles au niveau des cordons de Goll, surtout s'il y avait chez le malade une tendance à la rétropulsion ou simplement fatigue et incertitude dans la station.

IV. — *Sclérose latérale amyotrophique et scléroses descendantes secondaires.*

Le traitement de ces affections se confond avec celui des atrophies musculaires progressives en général.

Il faut seulement se rappeler ce que nous avons dit à propos des contractions, car elles accompagnent souvent, et quelquefois d'une manière permanente, les lésions secondaires de la moelle ascendantes ou descendantes, alors même que la sclérose succède à une lésion primitive du cerveau.

Je ne puis m'empêcher de rapporter ici ce que disent MM. Bourneville et L. Guérard à propos du traitement de la sclérose en plaques disséminées (1) qui s'applique

---

(1) *De la sclérose en plaques disséminées.* Paris, 1869, p. 176.

parfaitement dans l'espèce à la maladie de Charcot.

« Au point de vue du traitement on ne trouve rien dans l'histoire des malades qui mérite une mention particulière. Les tentatives faites par M. Charcot n'ont pas été heureuses.

« Le chlorure d'or employé par Vulpian dans quelques cas a paru plutôt exaspérer les symptômes. Il en a été de même pour le phosphure de zinc que nous avons vu donner par Charcot, à l'une de ses ma-malades. (Obs. XVI, p. 129). La strychnine administrée dans cinq cas, a paru un peu utile dans trois cas : elle a modifié quelquefois le tremblement pendant un temps plus ou moins long ; mais l'influence de ce médicament n'a pas été de longue durée. Piorry a prescrit concuremment avec la strychnine, l'électricité et a obtenu une amélioration transitoire (Obs. XVI, p.151). On peut en dire autant du nitrate d'argent qui a amené quelquefois un amendement notable, mais également passager. Le nitrate d'argent produit en effet de l'amélioration, surtout au début de l'affection ; il a pu modifier heureusement le tremblement dans quelques cas, mais quand ont paru les contractures et les autres phénomènes spasmodiques, il a exaspéré plutôt ces symptômes et l'on dût bientôt renoncer à l'emploi de ce remède. Dans l'Obs. XVI,

(p. 177), le nitrate d'argent a été ordonné sans avantage, et même, au bout de quelque temps, on a dû le suspendre. »

Et plus loin, à la page 186, les mêmes auteurs s'expriment ainsi : « L'électricité, les vésicatoires, les frictions irritantes, le seigle ergoté, l'arsenic, la belladone, n'ont jamais produit d'amendement des symptômes de la maladie. Les toniques, les bains sulfureux, paraissent avoir eu quelques bons effets chez la malade de l'observation IV (p. 30). Enfin L'HYDROTHÉRAPIE, QU'IL SERAIT BON DE METTRE PLUS SOUVENT A CONTRIBUTION DANS CES SORTES DE MALADIES, est le seul agent thérapeutique qui dans le cas du Dr Pennock, ait procuré quelque soulagement. ».

En présence de cette impuissance de la thérapeutique dans toutes les scléroses disséminées ou systématiques, qu'elles portent sur les cordons postérieurs ou sur les cordons latéraux, que ce soit de la sclérose corticale ou qu'elle empiète sur une partie quelconque de la moelle allongée, l'hydrothérapie sera toujours la meilleure des médications, à la condition pourtant qu'elle soit pratiquée scientifiquement d'après la méthode de Fleury si bien appréciée par le regretté créateur de l'École de la Salpêtrière. J'ajoute que l'aquapuncture, dans la sclérose des cordons postérieurs, est un moyen à peu près certain d'enrayer la marche du mal et par conséquent d'empêcher son extension systématique. La faradisation seule sera concurremment employée dans la sclérose latérale amyotrophique en raison de l'atrophie musculaire qui accompagne cette lésion.

V. — *Sclérose des cellules grises des cornes antérieures.*

Cette sclérose qui, comme la sclérose latérale amyotrophique s'accompagne d'atrophie musculaire progressive chronique, réclame le même traitement. Nous renvoyons, à cet effet le lecteur au chapitre que nous avons consacré à la thérapeutique des atrophiés musculaires. Du reste, on retrouvera plus loin, dans l'article que nous consacrerons au traitement du tabes dorsalis, des détails qui pourront intéresser aussi le lecteur à propos des essais thérapeutiques tentés si infructueusement jusqu'ici, dans toutes les scléroses en général.

XV

Spasmes paralytiques de l'enfance

Ces affections réunies et étudiées par
M. le professeur Raymond (1) comprennent :

1° La maladie de Little. (*Spasmodic rigidity*) ;

2° La paraplégie spasmodique de l'enfance. (*Contracture et paralysie limitées aux membres inférieurs*) ;

3° L'hémiplégie cérébrale spasmodique, (*la même, limitée à un seul côté*) ;

4° La diplégie cérébrale spasmodique, (*la même, occupant les deux moitiés du corps*).

5° L'athétose double ;

6° Et la chorée bilatérale.

Que ces différents syndromes représentent des espèces morbides distinctes ou qu'ils soient des manifestations diverses d'un même état pathologique, le traitement sera le même. D'ailleurs M. Raymond a établi aujourd'hui que ce ne sont point

(1) *Maladies du syst. nerveux. Scléroses systématiques*). Paris, 1894, p. 383.

là des maladies séparables les unes des autres, sauf peut-être le cas où la syphilis pourrait être invoquée comme origine possible (Fournier).

Le traitement, hors ces derniers cas, sera donc, outre celui des symptômes, basé sur les différents modes d'électricité combinés avec l'hydrothérapie générale et locale, la gymnastique et le massage.

Il n'y a pas à compter sur la thérapeutique pharmaceutique, sauf le cas bien reconnu d'influence syphilitique dans lequel l'intervention d'un traitement mixte pourra trouver son indication.

XVI

Syphilis du système nerveux

A part ce que l'on sait touchant l'étiologie du tabes dorsalis et de la paralysie générale, on n'a que des données très vagues sur la syphilis du système nerveux.

Pourtant, A. Fournier a considérablement éclairé la question par son magnifique ouvrage sur la syphilis du cerveau. Avant lui, il avait bien été question de lésions des méninges (1), qui paraissaient correspondre à ces céphalées violentes qui accompagnent souvent le début de la période secondaire, mais la plupart du temps ces lésions sont consécutives aux altérations des tissus voisins, particulièrement des os.

M. Raymond a noté dans ces cas un

____

(1) Blachez et Luys. *Moniteur des sciences médicales*, 1861. — Rayer. *Annales de thérapeutique*, 1817.

épaississement comme cartilagineux de la dure-mère.

Quant aux lésions du cerveau proprement dit, je noterai la gomme qui est la production pathognomonique de la vérole pouvant déterminer autour d'elle des altérations variées comme irritation, apoplexie, ramollissement, lesquelles donnent lieu à leur tour à des insomnies tenaces et persistantes qui peuvent amener des désordres graves, si on ne leur oppose pas un traitement convenable.

D'autres médecins, parmi les modernes, ont étudié avec soin la syphilis du système nerveux et un grand nombre d'observations cliniques ont été publiées par Lallemand, Lagneau père et fils, Ricord, Cullerier, Cazenave, Rayer, Beau, Briquet, Gosselin, Gros et Lancereaux, Zambaco, etc. (1).

Enfin, A. Fournier avait aussi, avant son traité de la syphilis du cerveau, écrit un livre sur la syphilis chez la femme dans lequel il a tracé l'histoire des troubles de la sensibilité, qui, jusqu'à lui n'avaient été signalés par aucun auteur: anesthésie,

----

(1) Je citerai seulement : Gros et Lancereaux, *Des affections nerveuses syphilitiques*, 1861. — Lagneau fils. *Maladies syphilitiques du système nerveux*, 1860. — Zambaco. *Des affections nerveuses syphilitiques*, 1861.

analgésie et même hyperesthésie. C'est surtout au début de la période secondaire qu'on trouve la céphalée dont j'ai parlé plus haut et les douleurs rhumatoïdes qui précèdent les ostéocopes appartenant à la 3ᵉ période.

Chez les enfants atteints de syphilis congénitale, M. Pittschaft a observé des cris et des plaintes nocturnes avec insomnie simulant le début d'une méningite. Guérard a rencontré les mêmes faits (1).

Les névralgies qu'on rencontre chez les syphilitiques peuvent être symptomatiques d'une exostose, d'une gomme ou simplement dynamiques. On rencontre surtout ces névralgies sur les branches de la 5ᵉ paire, sur les nerfs cervicaux et cruraux ; Trousseau et Pidoux et d'autres observateurs ont noté des névralgies viscérales.

Il existe aussi dans la syphilis des troubles de la motilité qui débutent par des fourmillements, des élancements et de la paralysie du sentiment pour s'étendre de là aux paralysies les plus graves.

Si une partie de ces paralysies sont symptomatiques d'épanchements ou d'exsudats, il en est d'autres qu'on ne peut rattacher qu'à une simple lésion du sys-

---

(1) *Bulletin de thérapeutique*, t. XXXVI.

tème nerveux. C'est ce qui arrive fréquemment pour les nerfs crâniens, comme le facial, les nerfs extrinsèques de l'œil, le pathétique et les nerfs des sens (1).

Enfin, les troubles de l'intelligence qui sont sous la dépendance d'une lésion cérébrale syphilitique, sont la lypémanie, la mélancolie, l'hypochondrié, la manie et la paralysie générale, avec une perte de mémoire qui influe sur la prononciation et sur le langage (Lagneau fils).

On a noté une névrose bizarre que Ricord rattache aux phobies et qu'il décrit sous le nom de *syphilophobie* (2).

Trousseau et Delasiauve admettaient une épilepsie syphilitique qui peut être

____

(1) Dupré. *Des affections syphilitiques du globe oculaire*, 1837.

(2) M. X..., professeur en province, vient à Paris passer ses vacances de Pâques de 1897. Il est atteint de plusieurs phobies et parmi elles il convient de noter la *syphilophobie*. Descendu à l'Institut hydrothérapique de Passy et devant y revenir compléter son traitement aux grandes vacances, il s'est informé tout d'abord si, parmi nos malades et nos employés, il ne s'en trouveraient pas qui auraient eu la syphilis, et, malgré notre assurance qu'il n'avait rien à craindre à cet égard, il appréhendait tout contact des mains des pensionnaires et, pour se préserver, il ne quittait pas ses gants. Aux cabinets, il montait sur le siège et ne s'asseyait pas sur une chaise ou sur un fauteuil sans y placer au préalable une feuille de papier. Inutile d'ajouter qu'il fuyait toutes les femmes comme des pestiférées.

symptomatique et même dynamique. Il
en est de même de l'hystérie, de la chorée,
ce qui constituerait des névroses *sine
materia,* dont on ne peut faire le diagnostic que par les résultats obtenus par le
traitement.

Ce traitement n'est autre que celui de la
diathèse qui tient les malades sous sa
dépendance.

Le mercure et l'iodure de potassium en
forment la base, ils sont employés, le premier au début de la maladie, le second est
plus spécialement réservé aux accidents
tertiaires.

Dans l'intervalle, on a souvent recours
avec succès au traitement mixte de Ricord,
c'est-à-dire aux frictions avec la pommade
mercurielle pratiquées aux plis inguinaux,
sous les aisselles et concurremment à
l'iodure de potassium à la dose de 4, 6 et
8 grammes suivant la gravité des cas. Les
vésicatoires, d'après M. le Dr Parisot auraient donné des succès comme révulsifs.
On pourrait s'en servir dans les névralgies
superficielles d'origine syphilitique. Dans
la syphilis du cerveau ou de ses enve-
loppes, on se trouve bien d'un vésicatoire
appliqué sur le crâne, préalablement rasé
et pansé avec l'onguent napolitain. Les
injections sous-cutanées de peptonate de
mercure trouvent également leur applica-
tion.On ne négligera dans aucun cas d'as-

socier au traitemeut spécifique, les toniques et l'hydrothérapie. Du reste le traitement des accidents nerveux de la syphilis se confond avec celui de la syphilis elle-même. J'y renvoie le lecteur.

XVII.

Syringomyélie.

Cette amyotrophie d'origine spinale est caractérisée par la présence, dans les parties centrales de la moelle, de cavités de dimensions variables et elle se manifeste comme symptôme principal par une atrophie musculaire considérable.

Parfois les excavations médullaires s'accompagnent de tumeurs gliomateuses percées elles-mêmes de cavités, ce qui a donné à croire que les excavations de la syringomyélie pouvaient être le résultat de la fonte de gliomes.

D'autres causes ont été invoquées pour expliquer la pathohénie de cette singulière affection; nous renvoyons le lecteur aux différents traités sur la matière, surtout au livre remarquable de M. Raymond qui les résume toutes (1), mais qui ne croit pas à la préexistence de la gliomatose.

____

(1) *Maladies du système nerveux*, Paris, 1889, p. 312, et suiv.

Peut-être chaque opinion émise contient-
elle une part de vérité.

Quoi qu'il en soit, et en raison de la symptomatologie qui est très variable, nous
recommandons de combattre ces symptômes : atrophie musculaire, paralysie
motrice, trouble de la sensibilité (anesthésie thermique et analgésie), hyperesthésie, troubles vaso-moteurs, secrétions
et lésions trophiques cutanées et même
troubles psychiques (hystérie, paralysie
générale, psychose), par les moyens énu-
mérés dans nos différents articles.

Mais quant aux excavations médullaires,
inutile de dire qu'elles sont au-dessus des
ressources de l'art.

XVIII

Du tabes dorsalis.

Le tabes se présente en clinique sous des modalités multiples. Chacune d'elles comporte une médication spéciale, ce qui revient à dire qu'il n'y a d'autre thérapeutique dans le tabes que celle dite des symptômes. Et en effet M. le professeur Raymond déclare que la curabilité de cette affection est problématique et que les résultats obtenus jusqu'ici par les plus illustres neuropathologistes sont médiocres dans leur ensemble (1).

Examinons néanmoins cette médecine symptomatique, destinée à soulager les malades sinon à les guérir. Mais avant tout séparons du *tabes dorsalis* vrai, les *pseudo-tabes périphériques* qui sont essentiellement curables et ont donné souvent l'occasion de publier comme cas de guérison du tabes ce qui n'était qu'une cure

____

(1) *Dictionnaire encyclopédque des sciences médicales*, art. TABES DORSALIS et *Maladies du système nerveux*, T. II, 1891, p. 251.

de pseudo-tabes (1). On trouvera dans l'excellent livre de M. Raymond, précité, le diagnostic différentiel entre le tabes vrai et les pseudo-tabes. Nous nous contenterons pour nous de séparer le traitement de ces deux affections.

Ajoutons encore que, depuis quelques années, il a été reconnu que la syphilis jouait un rôle des plus importants dans l'étiologie du tabes. On se trouve dans ces cas, en présence d'une syphilis cérébro-spinale dans la symptomatologie de laquelle prédominent des phénomènes tabétiques. On comprend alors combien il est facile avec la médication spécifique d'enrayer de pareils accidents.

Eu égard à la longue durée du tabes vrai, la médication symptomatique a une très grande importance et le médecin n'aura garde de la négliger, ne fut-ce que dans l'espoir d'obtenir soit un simple arrêt dans l'évolution de la maladie, soit une atténuation dans les symptômes ou la disparition de quelques-uns. Dans tous les cas il devra joindre la prudence du serpent à la douceur de la colombe, *Primo non nocere*, et ne pas prendre une phase d'amélioration pour une guérison définitive.

---

(1) Voir précédemment, p. 145, *Des pseudo-tabes.*

M. Raymond divise les remèdes en deux groupes :

a) Ceux qui s'adressent à un ou plusieurs symptômes.

b) Ceux qui sont réputés curatifs.

a) *Remèdes ou médications symptomatiques.* — Les injections de morphine figurent au premier rang parmi les remèdes dirigées contre l'élément douleur; et en effet rien ne calme mieux les douleurs fulgurantes du tabes comme la morphine en injections sous-cutanées ; mais comme ces douleurs — qui n'existent pourtant pas toujours — sont par elles-mêmes sujettes à de nombreuses récidives, il s'ensuit que les injections de morphine deviennent, par l'usage, dangereuses et que le malade — si le médecin lui abandonne le soin des piqures — ne tarde pas à devenir *morphinomane.*

L'antipyrine et quelques remèdes analogues sont, de préférence, administrés par la voie gastrique, en cachets de 50 centigrammes, répétés deux à 4 fois par jour. Ces analgésiques bien que toxiques à la longue, ne présentent pas les inconvénients des sels de morphine injectés sous la peau.

Il serait néanmoins préférable d'employer, avec les injections de morphine, les remèdes que nous pouvons qualifier d'externes et qui n'exposent à aucun danger d'intoxication. Tels sont :

1° La faradisation énergique (procédé de Rumpf) de 10 minutes de durée.

2° La galvanisation ou courants continus ;

3° La franklinisation ou électricité statique et parmi les procédés de celle-ci, le bain électrique qui ne dure que quelques minutes.

M. Raymond recommande les pointes de feu, comme lui ayant donné de très bons résultats. Je me permets de recommander à mon tour la douche filiforme (aquapuncture multiple) qui a donné les meilleurs résultats entre les mains de N. Pascal sur des tabétiques envoyés par Charcot (1). Vient ensuite la série des révulsifs ; bains de barège, massage, frictions diverses, liniments éthérés ou chloroformés, pulvérisations d'éther sulfurique, de chlorure de méthyle, applications du froid sur la colonne vertébrale, enveloppement des membres, etc.

Ici, se place une médication que M. Raymond avait vu fonctionner en Russie et qu'il a le premier essayé dans le service de Charcot sous la surveillance du maître:

---

(1) Voir *Observations cliniques de l'hydrothérapie scientifique* in PRÉCIS D'HYDROTHÉRAPIE, 2ᵉ édit., revue et augmenté par le Dʳ Verrier, Paris 1895.

c'est la pendaison ou suspension qui s'adresse, non seulement aux douleurs fulgurantes, mais aussi à plusieurs autres symptômes du tabes. Cette médication toutefois demande une grande prudence et comporte plusieurs contre-indications, qui sont : 1° des lésions cardio-vasculaires existant fréquemment chez les tabétiques (insuffisance aortique et artério-sclérose) ; 2e des lésions pulmonaires, tuberculeuses ou de l'emphysème ; 3° des attaques épileptiformes pouvant coïncider avec le tabes ou l'existence d'un ancien foyer apoplectique ; 4° la chloro-anémie, la tendance aux vertiges, aux syncopes ; 5° enfin l'obésité. Dans tous ces cas la pendaison ne serait pas sans danger. Les appareils employés sont ceux de Motchutkowski, de Kapeller, de Hening, de Sprimon modifié par le professeur Bechtcrew. On trouvera dans les travaux de M. Raymond la technique de l'opération, nous y renvoyons le lecteur (1).

Le Dr Bonuzzi a également proposé une sorte de gymnastique qui permet de soumettre la colonne vertébrale du malade à une extension forcée sans avoir recours à un appareil (2).

____

(1) F. Raymond. *Malad. du syst. nerveux* 1894. p. 201 et suite avec fig. explicatives.
(2) *Loc. cit.* p. 207 avec figure.

Il supprime ainsi une partie des dangers de la pendaison tout en donnant, d'après lui, les résultats tout à fait remarquables.

Dans ces derniers temps MM. Gilles de la Tourette et Chipault ont proposé un procédé de redressement de la colonne dans le tabes, qui se rapproche du procédé Bonuzzi, (1), comme résultat, mais en diffère comme technique. Deux ans auparavant M. Blondel avait déjà indiqué ce procédé, que ces auteurs ont perfectionné (2).

Enfin contre les crises gastralgiques ou localisées dans d'autres viscères que l'estomac, on peut dans le premier cas employer la pepsine mais avec peu de chances de succès, dans le second il n'y a guère d'autres ressources que de s'adresser aux médicaments analgésiants. La faradisation, le massage, luttent, dans l'intervalle des crises, contre l'amaigrissement et l'atrophie musculaire. C'est encore par la faradisation ou par la douche filiforme qu'on parvient à réveiller la sensibilité dans les parties du corps anesthésiées.

Lorsque les crises tabétiques amènent des troubles du côté des organes génito-urinaires, on a recours aux préparations de strychnine pour remédier à la parésie

______

(1) Ac. de médecine, séance du 27 avril 1897.
(2) Soc. de thérapeut. 20 mars 1895.

de la vessie et à l'incontinence qui en est
la conséquence. On a également recours
à la faradisation localisée qui est aussi efficace et moins dangereuse. Il faut toutefois
se garder de pratiquer le cathétérisme qui,
d'après le professeur Guyon, augmente
considérablement les souffrances du malade. On combat plutôt cette viscéralgie
par des préparations opiacées-belladonées
employées sous forme de suppositoires ou
encore par des préparations bromurées
administrées à l'intérieur, le bromure de
camphre paraît avoir une action localisée
plus efficace, le lupulin est aussi indiqué.
Chez les sujets encore jeunes cette irritation locale peut, au début de la maladie,
entraîner la spermatorrhée ; on la combat
encore par les mêmes remèdes.

Toutefois le priapisme chez les tabétiques n'est pas de longue durée et bientôt
la frigidité et l'impuissance viennent le
remplacer au grand désespoir des malades. C'est alors que la suspension dont
nous avons déjà parlé peut être employée
de nouveau. On connaît l'effet de la pendaison sur les condamnés, c'est en vertu
du même effet que les médecins font entrer la suspension dans la thérapeutique
de l'anaphrodisie tabétique comme des
autres manifestations génito-urinaires du
tabes. Je la proscrirais toutefois si le

sujet était enclin au priapisme et à la spermatorrhée.

Un des phénomènes les plus gênants des *tabes dorsalis,* c'est l'*incoordination motrice.* On a recommandé contre elle, il y a déjà longtemps, les pilules de nitrate d'argent administrées à l'intérieur. Plus récemment Charcot et Vulpian ont pratiqué des injections sous-cutanées de phosphate et d'albuminate de cette base. Malgré l'autorité de ces maîtres et les bons effets qu'ils en avaient obtenus, les douleurs violentes que procurent les sels d'argent les ont fait abandonner. D'ailleurs, si le malade n'a pas les reins en parfait état physiologique, ces sels ne tardent pas à amener de l'albumine dans les urines. Aussi dans la pratique obtient-on encore des effets plus certains et moins à craindre par la suspension en prenant les précautions que nous avons indiquées.

La gymnastique suédoise, entrée depuis peu dans le traitement de certaines affections en France et préconisée en Allemagne par le Dr Leyden (1) fortifie et développe les muscles et régularise leur fonctionnement. Frenkel in : *Munchener Medicin Wochenschrift* 1890, n° 52, décrit en quoi consiste cette pratique.

On pourrait en rapprocher le procédé,

---

(1) *Union médicale* 1891, n°s 61-72.

de Bonuzzi proposé pour remplacer la suspension (1). Dans tous les cas, ce procédé pas plus que la suspension, ne peuvent être considérés comme une médication curative, mais c'est incontestablement la meilleure des médications symptomatiques connues (Raymond). Charcot a constaté une amélioration dans 55 à 60 p. 100 des cas.

Je ne voudrais pas pousser plus loin l'énumération des remèdes employés contre le *tabes dorsalis*, sans parler des troubles de l'appareil de la vision et des médications dirigées contre ces troubles.

J'engage cependant le praticien à faire examiner la papille optique par un oculiste s'il n'a pas une grande habitude de l'ophtalmoscope. L'atrophie de cette papille amène forcément l'amblyopie contre laquelle les injections sous-cutanées de cyanure d'or, d'argent ou de platine ont donné à M. Galezowski d'excellents résultats tant pour l'arrêt de l'atrophie papillaire que pour débarrasser le malade des douleurs fulgurantes qui siègent sur le trajet du nerf optique. Chaque cyanure peut s'injecter à la dose de 0,20 pour 10 grammes, une demi seringue de Pravaz chaque jour ; à continuer longtemps. Chez les tabétiques qui ont eu la syphilis

––––––––––

(1) Voir p. 178.

16.

on préfèrera le cyanure de mercure et l'on pourra même faire précéder les injections de frictions mercurielles avec l'onguent napolitain 2 grammes par jour aux lieux habituels d'élection..

Lorsque la paralysie tabétique a envahi les muscles extrinsèques de l'œil, il faut, comme dans le cas précédent, essayer le traitement anti-syphilitique, avant de recourir à la faradisation qui est, d'après Duchenne, de Boulogne, un des meilleurs modificateurs des paralysies des muscles de l'œil et de la diplopie qui leur est consécutive au début de la maladie.

Je ne citerai que pour mémoire l'azotate d'argent associé au bromure de potassium ou au seigle ergoté en même temps que le courant galvanique.

Le phosphore et le repos prolongé au lit aurait donné, par un hazard non prévu, une guérison d'incoordination motrice.

Nous avons parlé dans le traitement des névralgies de la section des filets nerveux sensitifs et de l'élongation des nerfs. Cette dernière opération s'emploie aussi dans le tabes. Langenbuch a le premier eu l'idée de pratiquer cette opération chez un tabétique pour calmer les douleurs fulgurantes. L'élongation des nerfs parut au début donner de bons résultats mais ces résultats furent de peu de durée.

D'autre part les inconvénients qui accompagnent souvent toute incision de la peau, ont fait abandonner l'élongation. M. Raymond s'applaudit de cette circonstance.

Les injections sous-cutanées de substance nerveuse ont aussi été essayées par Constantin Paul. Ce médecin, de même que le Dr Babès, en Allemagne, ont cru pouvoir leur attribuer une action névrosténique analogue à celle des injections de liquide testiculaire. Ces dernières n'ont du reste dans l'espèce qu'une simple action dynamogène et malgré l'autorité de Brown-Séquard on peut affirmer que le spécifique de l'ataxie locomotrice est encore à trouver.

D'autres médications réputées curatives ont aussi été employées avec plus ou moins de succès, mais l'expérience a prouvé que ces remèdes étaient tout au plus des palliatifs, quand ils ne sont pas nuisibles.

Restent donc l'électricité et l'hydrothérapie pour le tabes vrai avec la médication anti-syphilitique pour les tabétiques entachés de syphilis et les statistiques prouvent qu'ils sont nombreux.

Électricité. — L'électricité n'a plus aujourd'hui la vogue qu'on lui avait attribuée il y a quinze ans. On peut la ranger parmi les médications palliatives. Cependant les courants de pile sont réellement utiles pour combattre quelques symptômes ; d'ailleurs, ce traitement étant inoffensif on ne court aucun risque à l'essayer au début de la maladie, seul moment où la galvanisation puisse enrayer la marche d'une lésion des centres nerveux, à la seule condition qu'on y recoure avec prudence.

C'est ainsi qu'Erb, d'Heidelberg, sur une statistique de 66 cas de tabes vrai, a obtenu une amélioration sur 41 malades parmi lesquels plusieurs auraient pu passer pour absolument guéris. Chez 25 malades l'effet du courant a été nul.

Je renvoie le lecteur à la page 272 du livre de M. Raymond déjà cité pour la technique de la galvanisation telle que l'emploi Erb lui-même, qui électrise successivement avec une intensité comprise entre 5 et 20 milliampères, la moelle, le grand sympathique et les nerfs périphériques.

On peut aussi à ces derniers appliquer la faradisation cutanée pour combattre les douleurs fulgurantes, les crises viscéralgiques, les points douloureux, l'anesthésie et les troubles urinaires.

C'est donc à n'en pas douter une médication de grande valeur et dont il faut tenir compte.

Hydrothérapie. — Si l'hydrothérapie n'a pas toujours donné les résultats qu'on était en droit d'en attendre, c'est que les applications en ont été mal faites.

Je ne veux pas dire pourtant que ce soit un remède curatif et je consens volontiers à le ranger parmi les palliatifs. Mais comme l'électricité, l'hydrothérapie a ses indications, et, dans bien des cas, elle exerce une influence salutaire, si non sur la marche progressive et presque toujours fatale du tabes, du moins sur plusieurs de ses manifestations dont elle enraye la marche évolutive. C'est surtout à l'aquapuncture, méconnue dans beaucoup d'établissements d'hydrothérapie, qu'il faut s'adresser pour modifier certains états locaux du tabes. On a vu des ataxiques revenir à régulariser leur marche pour un temps assez long sous l'influence de la filiforme et si la guérison apparente ne s'est pas maintenue c'est que la marche du tabes est véritablement fatale et progressive et que la retarder c'est déjà gagner quelque chose. Le bain tiède après la filiforme produit souvent un effet sédatif très marqué.

Enfin le traitement thermal n'est pas non plus sans influence sur la marche de cette maladie et sous ce rapport les eaux de Lamalou, de Balaruc, jouissent d'une certaine réputation pour avoir produit une amélioration temporaire dans l'état des tabétiques.

Il ne me reste plus avant de donner mon appréciation qu'à parler du traitement antisyphilitique.

Etant donnée la grande fréquence de la syphilis parmi les antécédents des tabétiques on peut, on doit même, en cas d'absence de renseignements, tenter les frictions d'onguent napolitain, concuremment avec le traitement du tabes. Mais si on n'obtient pas de résultat après quelques jours de frictions on devra ne pas insister, car il est presque prouvé qu'en dehors de la syphilis le mercure a été nuisible.

Si au contraire on remarque une amélioration par les frictions on pourra y ajouter l'iodure de potassium de manière à donner le traitement iodo-mercuriel ou traitement spécifique complet.

Dans ce cas, il peut arriver que le traitement procure une amélioration qui peut porter sur quelques symptômes ou sur l'ensemble de la maladie et dans ce dernier cas l'état du malade équivaut presqu'à une guérison. Ou bien encore ce traitement immobilise la maladie et entrave son évolution ; c'est alors un arrêt plus ou moins prolongé dans sa marche progressive lequel peut parfois durer plusieurs années.

Les cas de guérisons annoncés bruyamment me paraissent devoir être rapportés à des cas de syphilis des centres nerveux, car ce sont ces cas qu'influence surtout le traitement spécifique.

D'autre part il existe des manifestations

communes.à la syphilis cérébro-spinale et au tabes qui sont aussi favorablement influencées par le même traitement.

Mais quant au tabes proprement dit, ses manifestations propres persistent ou s'aggravent avec le traitement anti-syphilitique.

Il appartient en tous cas aux cliniciens de porter un diagnostic sûr, car on a pris quelquefois pour du tabes des cas de syphilis des centres nerveux, de même qu'on a pris pour du tabes vrai des pseudo-tabes syphilitiques ou autres.

C'est avec un diagnostic bien fait qu'on pourra trancher la question. Mais il ressort de ces prémisses que si le traitement spécifique n'améliore pas la maladie, c'est que celle-ci est un tabes dorsalis vrai contre lequel on n'a pas encore trouvé de médication curative (1).

Je ne puis résister au désir de rapporter en terminant, en raison de la haute compétence de son auteur, le traitement général du *tabes dorsalis*, tel que l'a résumé M. le professeur Erb, d'Heidelberg, in. *Samml. Klinisch. Vortage.* avril 1896, nº 150 « Die thérapie des Tabes » (2).

------

(1) Voir ce que nous avons déjà écrit sur le même sujet, *in* : *Revue internationale de thérapeutique et de pharmacologie*, nº 11 et 12, 1895.

(2) Traduction et interprétation de R. Romme, in *Presse médicale*.

Le lecteur verra que ce maître ne s'écarte pas sensiblement de ce que nous proposons nous-même, sauf pour l'*aquapuncture* dont il n'a pas apprécié les effets et qu'il range sans doute parmi les procédés de révulsion bien qu'il ne la cite pas.

I

« La première question que M. Erb se pose est celle de savoir s'il existe un *traitement prophylactique du tabes*. Il pense que ce traitement existe, quand on veut ne pas oublier que, dans 90 pour 100 des cas au moins, le tabes se développe chez les syphilitiques, c'est-à-dire quand on sait que la syphilis est, dans l'énorme majorité des cas, le premier facteur étiologique du tabes. Mais, comme tous les syphilitiques ne deviennent pas tabétiques, il faut admettre qu'à côté de la syphilis il existe encore d'autres causes occasionnelles, qui interviennent dans la production du tabes. D'après M. Erb, ces causes, d'importance subordonnée à celle de la syphilis, seraient le refroidissement, le surmenage physique et intellectuel, les excès sexuels, l'abus d'alcool et de tabac, les émotions violentes, les chagrins, etc.

« Le médecin doit donc savoir que tout syphilitique est candidat au tabes et que, s'il veut éviter à son syphilitique l'éven-

tualité de l'ataxie locomotrice, il faut qu'il
extirpe, éteigne, la syphilis de son malade.
Or, les statistiques de M. Fournier sont,
d'après M. Erb, on ne peut plus démons-
tratives sous ce rapport, puisqu'elles montrent que le tabes est 23 fois plus fréquent
chez les syphilitiques qui ne sont pas soi-
gnés, ou qui se sont insuffisamment soi-
gnés, que chez les syphilitiques qui ont
suivi pendant deux à quatre ans un traitement sérieux.

« La meilleure prophylaxie du tabes consistera donc dans le traitement sérieux,
énergique, suffisamment prolongé, de la
syphilis dès son début. En second lieu,
le syphilique sera mis en garde contre les
dangers du refroidissement, du surmenage
physique résultant de l'abus de sport
(bicyclette, canotage, chasse, ascension des
montagnes, etc.), des excès vénériens, de
l'abus d'alcool et de tabac, etc. Si par mal-
heur le syphilitique est névropathe ou
chargé d'une hérédité nerveuse, on lui
conseillera une vie tranquille, on insistera
sur la nécessité de prendre tous les ans
des vacances qu'il passera dans les montagnes ; on donnera des toniques et du bromure chez les nerveux excités.

II

« Telle est la prophylaxie du tabès. Que

faire en face d'un tabétique dans les antécédents duquel on découvre, comme c'est
presque toujours le cas, une infection
syphilitique? Faut-il instituer le traitement spécifique, ou bien recourir à une
autre intervention thérapeutique?

« M. Erb est sous ce rapport très affirma-
tif. Il pense notamment que, sauf quelques
contre-indications spécifiées plus loin, le
traitement antisyphilitique est de rigueur
chez presque tous les diabétiques dans les
antécédents desquels on trouve une infection syphilitique. On a dit que le traitement antisyphilitique était nuisible. Jamais M. Erb n'a pu le constater quand le
traitement était conduit d'une façon rationnelle, et les faits réunis il y a quatre ans
par son élève, M. Dinkler (1), montrent
que souvent il améliore la situation des
malades. Depuis cette époque, des faits
nouveaux sont venus confirmer l'utilité du
traitement spécifique qui, d'après M. Erb,
n'est jamais nuisible. est très utile chez
un petit nombre de malades, donne de
bons résultats dans la majorité des cas et
échoue, sans aggraver la situation, dans
un certain nombre de cas.

---

(1). DINKLER. — « Ueber die Berechtigung und die
Wirkung der Quecksilberkuren bei Tabes dorsalis », *in Berlin. klin. Wochenschr.* 1895, n° 15.

« M. Erb *recommande* donc le traitement spécifique : 1° tout à fait au début du tabes, chez les malades chez lesquels l'infection syphilitique ne date pas de très longtemps ; 2° chez les tabétiques qui présentent encore des manifestations syphilitiques du côté de la peau ou des muqueuses, ou du système osseux, et tout particulièrement chez ceux qui offrent des symptômes de syphilis cérébrale ou des méninges ; 3° chez les tabétiques dont la syphilis a été insuffisamment traitée. Chez les tabétiques avancés, avec ataxie très accusée, ayant à plusieurs reprises suivi un traitement spécifique, on peut tenter une nouvelle cure quand l'état général est encore satisfaisant. M. Erb a vu quelquefois le traitement spécifique donner chez ces malades de bons résultats. Mais le traitement spécifique est *contre-indiqué* chez les tabétiques avancés, cachectiques, amaigris, dyspeptiques, dont la syphilis ancienne a été sérieusement traitée à plusieurs reprises. Il est également contre-indiqué chez les tabétiques qui montrent une intolérance spéciale pour le mercure et l'iodure de potassium.

« Le traitement spécifique doit être conduit de la façon suivante.

« La préparation mercurielle à laquelle M. Erb donne la préférence est l'onguent gris en frictions, à la dose de 4 à 6 grammes d'onguent par jour. La cure comprend 30 à 40, quelquefois 50 à 60 frictions ; après quoi on octroie au malade un repos de quatre à douze mois. Pendant cet intervalle, le malade doit suivre un traitement tonique général dont l'efficacité a été préparée pour ainsi dire par le traitement mercuriel précédent. Ce traitement comprend le séjour à la campagne, autant que possible dans les montagnes, ou encore une légère cure thermale ; on ordonne aussi des médicaments toniques, de l'électricité, du massage, etc. Souvent le malade retirera un avantage de passer une saison à Nauheim, à Rehme, à Aix-la-Chapelle ; souvent encore le traitement spécifique peut être suivi à une de ces stations thermales. Mais il y a une précaution à prendre : c'est de *proscrire d'une façon absolue les bains de vapeur et les bains chauds* (dépassant 26-27 degrés R), qui agissent *toujours* TRÈS MAL *sur le tabétique.*

« Quand et dans quelles conditions est-il indiqué de reprendre le traitement spécifique? M. Erb a l'habitude de faire reprendre le traitement mercuriel (25 à 30 frictions) tous les ans ou tous les deux ans, suivant la gravité des cas, et les malades s'en trouvent ordinairement fort bien. Mais, d'une façon générale, il pense que le tabétique syphilitique doit faire ce que les syphiliologues appellent une « bonne » cure.

« Le *traitement par l'iodure de potassium* a paru à M. Erb agir moins bien que le mercure. Il le considère comme indiqué principalement dans les cas avec symptômes méningo-cérébraux ou avec lésions cérébrales. On peut le donner dans l'intervalle des cures mercurielles, pendant un à trois mois, à la dose de 1 gr. 50 à 4 grammes par jour (dans du lait ou de l'eau alcaline). Il est encore très utile chez les tabétiques, avec des accidents syphilitiques tertiaires du côté de la peau, des muqueuses ou des os, en cas de douleurs lancinantes très vives, de névrite périphérique, etc.

III

« Le traitement mercuriel répond à l'indication causale; il est indiqué en tant que traitement pathogénique, mais il ne résume pas à lui seul tout le traitement. Il y a encore le traitement qui doit répondre à ce que M. Erb appelle l'*indicatio morbi*, le traitement direct du tabes, de la lésion, qui, elle, n'a rien de spécifique. C'est le traitement direct du tabes et par conséquent du tabétique.

« Il y a tout d'abord la question du *régime*. « Quand un malade, ordinairement un homme encore jeune, demande comment il doit vivre, j'ai l'habitude, dit M. Erb, de lui dire ceci: « vivez donc comme un vieillard! le mieux, pour vous, c'est de vivre paisiblement, tranquillement, loin de tout surmenage et de tout excès, posément, simplement ». Le précepte, continue M. Erb, est judicieux, mais souvent difficile à suivre.

« Le tabétique doit manger et boire modérément; avoir une nourriture mixte, fortifiante, non échauffante; éviter autant que possible l'alcool et le tabac; travailler modérément et éviter avec autant de soin la fatigue corporelle que l'excitation psychique; à la promenade, à la chasse, dans les montagnes, il faut qu'il s'arrête aussitôt et avant même qu'il se sente fatigué; pas de discussions sur la politique et les questions religieuses, pas de jeux de hasard. Il faut que chaque année il passe un ou deux mois à la campagne, dans les montagnes ou dans un pays boisé; s'il peut, il passera l'hiver dans le Midi, car ce dont il a le plus besoin c'est l'air et le soleil. Il peut en somme mener la vie de tout le monde, mais en évitant les excès, de quelque genre qu'ils soient. Dans certains cas à marche particulièrement rapide, notamment dans ceux qui éclatent après un surmenage ou après des excès vénériens, on se trouvera bien de condamner le malade au lit pendant plusieurs mois.

« Les *médicaments* qu'on donne aux tabétiques sont nombreux, mais peu d'entre eux méritent d'être conservés. Celui qui a donné les meilleurs résultats à M. Erb est le *nitrate d'argent*, sous forme de pilules de 3 à 5 centigrammes. Pour avoir des résultats appréciables, on doit le continuer pendant longtemps, avec des intervalles convenables de repos; il faut que le malade prenne au moins 8 à 12 grammes de nitrate d'argent dans l'espace de deux à quatre ans. Le *seigle ergoté* vanté par Charcot, l'*arsenic* préconisé par Gowers, Bryom-Bromwell et autres, les *bromures*, n'ont jamais donné des résultats appréciables à M. Erb. Par contre, la *strychnine* a souvent fort bien réussi, dans des cas très variés, sans règle bien précise. Elle semble agir principalement chez les tabétiques présentant des accidents vésicaux et de l'impuissance sexuelle. M. Erb emploie la strychnine, soit sous forme d'injections sous-cutanées (2 à 10 milligrammes), soit sous forme de teinture ou de la teinture de noix vomique, ou avec de l'arsenic ou du vin de condurango, etc.

« Les *toniques* réussissent fort bien chez les tabétiques, et depuis de longues années M. Erb se sert des pilules composées, qui, à sa clinique, sont connues sous le nom de « pilules toniques ». Voici leur formule :
Lactate de fer . . . . 3 à 5 grammes.
Extrait aqueux de
    quinquina . . . . . 4 à 5   —

Extrait alcool. de noix
    vomique . . . .   0,40 à 0,80 centigr.
Extrait de gentiane
    Q. S. pour faire. .   100 pilules.

« Une à deux pilules trois fois par jour, après chaque repas. Ces pilules sont indiquées après la cure mercurielle, pendant la période consacrée au traitement tonique. Il a semblé à M. Erb qu'elles améliorent l'état général et exercent même une influence sur l'état psychique du malade.

« L'opothérapie et le traitement par les glycérophosphates ont été essayés par M. Erb sur une trop petite échelle, de sorte que les faits observés ne se prêtent pas encore à une conclusion générale.

« Les *cures thermales* qui, d'après M. Erb, agissent bien sur les tabétiques, *à la condition expresse de ne pas prendre de bains de vapeur ni de bains chauds*, sont celles des eaux chlorurées iodiques riches en CO_2 (Nauheim, Rehme). D'une façon générale, la température du bain doit être moyenne, et la balnéation faite de façon à ce que l'eau ne soit pas agitée. Ces bains sont contre-indiqués chez les tabétiques à système nerveux irritable, ayant de vives douleurs ou présentant de l'hyperesthésie. On peut dire la même chose des eaux ferrugineuses. (Schwalbach. Cudowa, Saint-Moritz, etc.), et des eaux indéterminées thermales simples (Wildbad, Ragatz, Gastein, Teplitz. etc), ces dernières ayant l'inconvénient de la température élevée qu'il faut éviter aux tabétiques. Les eaux sulfureuses (Aix-la-Chapelle, Nenndorf, les stations des Pyrénées), tant vantées, n'ont aucun avantage et doivent être administrées avec les mêmes précautions que les autres thermes : bains dont la température ne dépasse pas 33° C, d'une durée de huit à dix minutes, trois à quatre fois par semaine.

« Bien plus utile au tabétique est l'*hydrothérapie* proprement dite. Il faut éviter toute action brusque, soit comme température, soit comme action mécanique (douches, affusions, etc.). Les bains tièdes ou frais de 16 à 24 degrés R., d'une durée de deux à cinq minutes, les frictions humides générales ou seulement du dos, les bains de pieds, etc., exercent une action très favorable sur l'état général et la nutrition du tabétique. Les bains de mer sont généralement à éviter ; toutefois, sur les plages chaudes avec une eau tranquille, le tabétique peut prendre, tous les deux ou trois jours, un bain dont la durée ne doit pas dépasser une minute à une minute et demie.

« *L'électricité* qui donne les meilleurs résultats chez les tabétiques est le courant *galvanique*. La galvanisation de la moelle peut se faire dans le sens longitudinal en plaçant une électrode à la nuque, l'autre à la colonne lombaire. On peut se servir des courants ascendants et des courants descendants, galvaniques de préférence, de telle ou telle portion, laisser en place une électrode et promener l'autre. La galvanisation transversale peut se faire en plaçant une électrode sur le sternum et l'autre sur un point quelconque de la colonne vertébrale. L'*électricité faradique* n'est employée que sous la forme de pinceau faradique qu'on promène sur la peau du tronc et des membres. La durée de la séance ne doit dépasser cinq à vingt minutes.

« La *révulsion* sous forme de pointe de feu, de vésicatoires volants, de badigeonnages de teinture d'iode, etc., a été essayée par M. Erb, principalement dans les cas avec douleurs lombaires, sensation de constriction en ceinture, crises gastriques, etc. Les résultats ont été incertains. Si l'on a recours aux pointes de feu le long de la colonne vertébrale, M. Erb conseille d'en mettre tous les huit jours une trentaine sur une étendue large comme la paume de la main ; on peut alors continuer la révulsion pendant des mois et des mois.

« Le *massage* et la *gymnastique*, surtout le massage par son action générale sur les échanges interstitiels et son action spéciale sur les muscles, donnent quelquefois des résultats très remarquables. Il ont, en outre, un effet très spécial sur l'ataxie, qu'ils atténuent considérablement. L'*élongation des nerfs*, élongation non sanglante, qui ne serait indiquée qu'en cas de douleurs fulgurantes atroces et rebelles, et faite suivant la méthode de Corval, de Bonuzzi ou de Blondel, est assez efficace contre l'élément douleur ; mais, d'après M. Erb, elle agit surtout par son action sur la colonne vertébrale qui est, dans ces cas, soumise à une extension et à un redressement plus ou moins accusé.

« Ce serait de la même façon qu'agirait encore la *suspension* qui a donné à M. Erb, comme à tout le monde, de nombreux succès et de nombreux échecs. M. Erb la considère comme formellement contre-indiquée chez les tabétiques lourds ou agés ou présentant des troubles cérébraux ou des troubles cardio-vasculaires. Les cas qui se prêtent particulièrement à ce mode de traitement seraient les tabétiques maigres, les tabétiques avec crises gastriques, troubles vésicaux, troubles sexuels, douleurs fulgurantes, etc.

« Tel est l'ensemble des mesures dont dispose le médecin pour répondre à l'*indicatio morbi*. D'après M. Erb, le traitement général du tabétique peut être conduit suivant les trois schémas que voici.

« I. Au début du tabes, chez un malade qu'on considère comme syphilitique, on commencera par le traitement antisyphilitique. On le conduira d'une façon énergique et prudente à la fois, sans faire de cures forcées, mais plutôt des cures répétées, séparées par des intervalles pendant lesquels le malade suivra le traitement tonique et sera soumis à l'électrothérapie. On aura à choisir entre l'hydrothérapie et une cure thermale ; plus tard, pendant l'hiver, on aura recours au nitrate d'argent et à l'électrothérapie, et on pourra essayer la suspension.

« II. A une période avancée du tabes, on verra tout d'abord s'il y a lieu ou non d'instituer un traitement antisyphilitique, qu'on fera alterner avec l'usage d'iodure de potassium. On insistera ensuite d'une façon toute particulière sur le régime, et, pour l'été, on conseillera une cure thermale, ou bien de l'hydrothérapie, du massage, suspension, électricité et traitement médicamenteux.

« III. A la dernière période, laisser les malades tranquilles, autant que possible, et n'agir que par le traitement symptomatique.

IV

« Le *traitement symptomatique*, dont nous avons préféré parler en dernier lieu, est étudié par M. Erb d'une façon très minutieuse, comme il le mérite, du reste.

« Il y a, d'abord, les *douleurs fulgurantes*, contre lesquelles le médecin aura à lutter à chaque instant, surtout dans le cas de tabes dit douloureux. Il aura beaucoup de médicaments à sa disposition ; mais, peu nombreux sont ceux qui lui donneront des résultats satisfaisants.

« Il commencera par les moyens externes, les plus simples : compresses froides ou chaudes compresses imbibées de chloroforme ou d'éther, appliquées *loco dolenti* ; pulvérisations de chlorure de méthyle, sinapismes ; frictions avec du chloroforme, de la vératrine, de l'essence de moutarde ; emplâtres opiacés ou belladonnés, électricité. Il pourra ensuite employer la compression locale, réalisée par l'application de lourdes plaques métalliques, le brossage de la peau, le massage, puis, comme intervention plus générale, la suspension, les pointes de feu le long de la colonne vertébrale, la teinture d'iode dans le dos, l'élongation des nerfs. Il n'oubliera pas, non plus, les anciens nervins, la quinine, l'iodure de potassium, les bromures, et, les plus modernes, l'antipyrine, la phénacétine, l'exalgine, la salipyrine, la lactophénine, qu'il faudra souvent combiner deux par deux ou trois par trois. La dernière ressource qui lui restera, sera la morphine.

Mais il faut qu'il la laisse pour le dernier moment, et qu'il sache que si la seringue est abandonnée entre les mains du malade, le tabétique deviendra forcément morphinomane, c'est-à-dire doublement malheureux.

« Le traitement ne varie pas beaucoup en cas de *crises gastriques et intestinales* : repos absolu, diète rigoureuse, compresses chaudes ou froides, galvanisation ou faradisation de l'épigastre, nervins de la série indiquée plus haut, morphine comme dernier refuge. Les *crises laryngées* seront combattues par les inhalations de chloroforme ou d'éther, par les badigeonnages de cocaïne, par la galvanisation de la moelle cervicale et du sympathique ; contre les *crises ano-vésicales* ou *clitoridiennes*, on aura encore et toujours recours aux applications locales et à l'emploi des analgésiques, morphine en dernier lieu.

« L'électricité, et principalement le pinceau faradique, réussissent assez souvent dans les *anesthésies* et les *paresthésies*. On pourra encore avoir recours aux frictions, au massage, au brossage, etc.

« Dans l'*atrophie des nerfs optiques*, M. Erb croit avoir obtenu quelques résultats par le traitement mercuriel, les injections de strychnine, la teinture d'iode et les pointes de feu derrière les oreilles. Pas de guérison, naturellement, mais arrêt du·processus pour quelque temps, avec amaurose comme résultat définitif au bout de quelques années. M. Erb n'a jamais essayé les injections sous-cutanées de cyanure de mercure ou de cyanure d'or (Gàlezowski).

« Les *paralysies* variées qu'on observe dans le tabes, paralysies oculaires, paralysies atrophiques des membres, de la langue, du larynx, des muscles masticateurs, etc , seront traitées d'après les règles ordinaires, par l'électricité et les injections de strychnine.

« L'*ataxie motrice* elle même, l'incoordination des mouvements, peut, dans certains cas, exiger des soins particuliers. Il y a des cas où, à la suite du surmenage physique, des excès vénériens, l'ataxie prend une marche rapide et s'aggrave presque brusquement. Dans ces cas, M. Erb croit avoir obtenu de bons résultats par le repos au lit pendant plusieurs semaines, puis, par l'usage de la chaise longue où le malade doit passer la plus grande partie de la journée pendant un temps suffisamment long. Pour les cas chroniques, on peut avoir recours à la rééducation progressive des muscles, à l'aide d'une gymnastique appropriée ou à l'aide de la méthode de Frenkel, qui a donné à M. Erb de bons résultats.

« En cas de *troubles vésicaux*, et plus particulièrement en cas de parésie ou de paralysie vésicale, on s'adressera, en premier lieu, à l'électrisation de la ves... à travers la paroi abdominale, à la strychnine, au seigle ergoté, en dernier lieu au cathétérisme antiseptique qu'il faudra essayer de remplacer par l'expression manuelle de la vessie. Le massage de la vessie à travers la paroi abdominale est tout indiqué. Quelquefois, on se trouvera bien de la suspension.

« Le médecin sera encore souvent consulté pour les *troubles génitaux*. Au début, quand on trouve quelquefois une période passagère d'excitation génitale, celle-ci sera combattue par les bains de siège froids, par une diète appropriée, par les bromures, etc. Plus tard, il sera question de l'impuissance génitale. D'après M. Erb, elle est plutôt salutaire, et il faudra, en somme, la respecter. Dans quelques cas, pourtant, on ne pourra refuser cette satisfaction au malade, et on essaiera de lutter par l'hydrothérapie, l'électricité, la strychnine, les « pilules toniques », etc.

« Contre la *constipation opiniâtre*, on mettra en jeu l'ensemble de moyens diététiques et thérapeutiques, usités en pareil cas. M. Erb préfère l'emploi des agents physiques (massage, hydrothérapie, faradisation, etc.) à celui des agents médicamenteux.

« Les *arthropathies*, enfin, seront combattues par l'immobilisation des articulations prises, par les révulsifs, au besoin par des interventions chirurgicales telles que la ponction en cas d'hydartrose, la résection, etc., toujours par des appareils orthopédiques appropriés. »

XIX

Considérations générales sur l'hydro-thérapie.

On a vu dans tous les chapitres précédents le rôle important de l'hydrothérapie dans la thérapeutique des maladies nerveuses.

C'est pourquoi je crois utile de rappeler les principes sur lesquels est fondée l'hydrothérapie rationnelle, scientifique, tels que les a formulés et mis en pratique le professeur agrégé Louis Fleury et son successeur Noël Pascal sous la direction scientifique de l'illustre chef de l'Ecole de la Salpêtrière, l'immortel J. M. Charcot.

Laissant d'abord de côté, l'hydrothérapie empirique qui fit la fortune de Priessnitz et la réputation plus ou moins justifiée de Kneipp, nous décrirons les conditions qui doivent présider aux applications de l'eau froide ; les appareils simplifiés nécessaires à l'hydrothérapie et le manuel opératoire.

Désireux de faciliter aux praticiens des

campagnes, éloignés des grands centres, les applications de l'eau, nous entrerons dans quelques détails indispensables pour les initier à cette pratique.

Les indications, ils les trouveront, du moins pour les maladies nerveuses, dans les pages qui précèdent.

Je parlerai des propriétés de l'eau froide et de l'eau chaude, des affusions, lotions, enveloppements, compresses, bains, sudation, douches et aquapuncture, qui résument les différentes méthodes d'application de l'eau et constituent ce que l'on a appelé l'hydrothérapie rationnelle et complète.

Je terminerai par la description d'un petit établissement d'hydrothérapie que chaque médecin de campagne pourrait faire installer chez lui, dans son jardin, et à peu de frais.

Propriétés de l'eau. — Les propriétés de l'eau varient selon sa température qui doit être comprise, entre + 5 degrés centigrades et + 16 degrés.

Au delà de + 16, nous avons de l'eau tiède ou de l'eau chaude qui ont aussi leurs indications ; au dessous de + 5, l'eau est trop froide, la réaction trop vive et l'application, douloureuse.

Il faut aussi tenir compte, dans les propriétés de l'eau, du mode d'application, de sa durée, de la force de projection ou de la pression, de la direction à donner au jet et de la partie du corps qui doit recevoir plus spécialement la douche, dans la douche locale.

C'est ainsi que l'eau froide pourra fournir à plusieurs médications, et que si la douche générale a une action définie admise par les empiriques et les médecins, la douche locale en a une autre également définie et réservée aux médecins seuls, eu égard aux connaissances anatomo-cliniques qu'elle comporte pour son application.

Fleury avait formulé en quelques aphorismes les conditions qui doivent présider aux applications de l'eau froide :

« Les douches sont l'instrument nécessaire du traitement hydrothérapique *excitant*, de celui qui a pour but la *réaction*.

« Mais il y a des douches trop faibles et des douches trop fortes.

« La durée de la douche sera proportionnelle à la puissance de réaction de chaque sujet.

« Avec des douches *trop faibles* il est impossible d'obtenir une réaction satisfaisante et le traitement reste inefficace.

« Avec des douches *trop fortes*, l'on court le risque de produire des contusions, des phlegmasies et parfois des accidents très graves.

«Une douche trop faible peut avoir

l'inconvénient de rester inefficace, mais elle ne peut jamais produire de graves accidents.

« Une douche trop forte *est toujours dangereuse...*

« Dans la plupart des établissements hydrothérapiques, et dans tous ceux où le traitement est abandonné aux lumières des inférieurs, ou aux caprices des idées préconçues des malades, la durée des applications froides et des douches en particulier est *beaucoup trop longue.*

C'est à cette circonstance qu'il faut attribuer les insuccès et les accidents qui se produisent et qui compromettent l'hydrothérapie.

« Une douche trop courte n'a jamais d'inconvénients, une douche trop longue est toujours dangereuse.

« Toutes les fois que la réaction ne s'opère point d'une manière satisfaisante, il faut en accuser exclusivement l'opérateur qui, dans ce cas, a fait usage d'un modificateur défectueux, ou n'a pas su appliquer méthodiquement un modificateur convenable.

« Pour obtenir d'une application froide excitante l'effet voulu, il ne faut pas que le sujet ait trop froid, et il ne faut pas qu'il ait trop chaud.

« Telles sont les premières conditions du succès en hydrothérapie. »

Fleury et Pascal, ne voulaient pas se servir d'eau chaude. L'usage en a prévalu pourtant et, après leur mort, tous les établissements d'hydrothérapie se sont pourvus d'eau chaude qui vient se mêler à l'aide d'un robinet mélangeur à l'eau froide et donner ainsi au médecin hydropathe de l'eau à toutes les températures.

Comme dans ce volume nous ne nous occupons que de maladies nerveuses, nous nous hâtons de dire que l'eau froide est la base du traitement dans ces maladies. Cependant on peut dans quelques cas employer les douches tièdes suivant les indications.

Mais pour les praticiens qui voudront installer chez eux une hydrothérapie peu coûteuse et efficace, l'eau froide suffira et je leur indiquerai, chemin faisant, le moyen d'y habituer les malades les plus récalcitrants.

Si la douche est le prototype de la médication excitante, les affusions que nous avons employées à Passy bien avant l'abbé Kneipp, sont le prototype, avec les compresses, maillots, etc., de la médication calmante.

C'est celle que Fleury employait dans certaines maladies du cœur, dans lesquelles la douche aurait infailliblement produit des accidents.

« Il faut bien que l'eau soit un bon médicament, disait Fleury, puisque malgré toutes les applications illogiques, irration- nelles qui en ont été faites et qu'on en fait journellement l'on enregistre que peu d'accidents graves dus à cette médica- tion. »

« Il est vrai, ajoute-t-il aussitôt, que les effets curatifs, si certains lorsqu'on suit la méthode rationnelle, sont rares aussi dans cette pratique sans boussole, dans cette hydrothérapie sans diagnostic précis et sans indications cliniques. »

Outre l'application empirique de l'eau froide à l'extérieur, Priessnitz à Grœffen- berg, prescrivait l'exercice, les boissons froides, la sudation et le régime. Nous exposerons ce qu'il faut penser de ces adjuvants et d'ores et déjà nous pouvons dire que Kneipp, renchérissant sur les procédés quelque peu excentriques de Grœffenberg, avait en outre préconisé un régime qui sentait parfaitement le charla- tanisme.

Ceci étant dit, nous ne parlerons plus de l'hydrothérapie empirique qui peut être hygiénique, mais médicale, dans le vrai sens du mot, jamais!

Si l'eau froide est excitante sous forme de douche, on peut par la douche donnée différemment la rendre sédative, comme l'affusion.

Elle est aussi reconstituante ou tonique

et tout le monde connaît ses propriétés hémostatiques et antiphlogistiques.

La douche froide est en outre révulsive suivant le lieu de l'application et enfin l'eau froide, d'après son mode d'application, est sudorifique et résolutive.

Fleury en faisait un agent antipériodique et la substituait au sulfate de quinine dans les fièvres d'accès.

Inutile d'ajouter que, comme douche générale, l'eau froide est hygiénique par-conséquent prophylactique de toutes les maladies, si elle est bien employée.

Pour nous qui ne faisons ici que la thérapeutique des maladies nerveuses nous n'avons à envisager l'eau froide que

1° Comme une médication sédative dans toutes les affections nerveuses sténiques.

2° Comme, au contraire, une médication excitante dans toutes les affections nerveuses, asthéniques, ou torpides.

3° Enfin, en raison de l'aphorisme hippocratique : « *sanguis modérator nervorum* » nous devons aussi considérer l'eau froide comme une médication reconstituante.

A. *De l'eau froide comme sédatif réfrigérant et antiphlogistique.*

Dans cette première partie des effets de l'eau froide, le médecin doit chercher la basse température; c'est par le froid que l'eau agit ici.

Mais dans les applications qu'il fera de ce modificateur il lui faudra beaucoup de précautions et voici en quelques mots le procédé opératoire qu'il devra adopter :

Sauf certains cas particuliers il ne faut pas descendre au-dessous de 10° centigrades, surveiller très attentivement l'emploi de la glace si l'on croit devoir recourir à ce modificateur, car nous l'avons vu produire des névralgies intenses et persistantes lorsque son emploi était de quelque durée.

L'enveloppement dans le drap mouillé doit être fait de telle sorte que l'air puisse circuler entre le linge enveloppant et le corps, afin que cet air soit fréquemment renouvelé.

Lorsqu'il s'agit d'une affusion générale les arrosoirs d'eau sont versés successivement, en nappe, entre le peignoir et le corps. On peut aussi se servir d'un tube de caoutchouc sans pression, ou donner l'affusion sans peignoir. Ces affusions peuvent être locales.

La température de l'eau de $+ 5°$ à $+ 15°$ est, dans l'état morbide, l'échelle qu'il faut employer. Au début de l'application on pourra augmenter la température de l'eau, mais dans une proportion qui n'excédera pas $+ 18°$ centigrades et encore faudra-t-il revenir, à la fin de l'opération à la température indiquée plus haut.

On peut aussi employer le drap mouillé et tordu recouvert de couvertures de laine, le malade étant placé sur un lit de repos ; la compresse simple ou double, également mouillée, appliquée *loco dolenti*, recouverte de serviettes sèches ou de flanelle et renouvelée dès que la température de l'eau est arrivée au voisinage de celle du corps.

Cette médication sera suspendue aussitôt que le résultat cherché est obtenu et et que les symptômes qu'il fallait conjurer ont disparu, sauf à y revenir à la première menace de leur retour.

Le traitement peut donc durer depuis quelques jours jusqu'à plusieurs semaines ou plusieurs mois. C'est au médecin qu'il appartiendra de juger de la durée de ce traitement, de la fréquence des applications et des modifications que ces applications devront subir.

B. *De l'action excitante tonique et révulsive de l'eau froide.*

C'est par le mouvement que l'eau détermine au sein de l'organisme que se produit l'action excitante.

C'est la réaction prompte et instantanée qui est la caractéristique de la médication excitante.

Pour l'obtenir rien ne vaut le procédé de la douche.

Après la douche la température du

corps doit dépasser le degré où elle se trouvait avant l'opération ; le malade doit éprouver une sensation de bien-être et de chaleur plus intense après qu'avant d'avoir été soumis à l'action de la douche froide.

Pour cela il faut de l'eau à la température de 8 à 12° centigrades, une percussion équivalente environ à la pression d'une atmosphère, une application de courte durée, une direction déterminée à l'avance d'après le diagnostic, particulièrement pour les douches locales, et enfin une division plus ou moins brisée ou moléculaire du jet, suivant l'effet qu'on veut produire. Telles sont les conditions qui doivent faciliter la solution du problème dans la médication excitante.

« Au dessus de 14° centigrades, disait Fleury, la réaction n'est ni assez spontannée ni assez rapide ou énergique et l'on n'obtient que l'effet sédatif, hyposténisant, et non l'effet excitant que l'on cherche. »

Cet effet excitant est facilité par la douche en éventail ou le bain de cercle avec douche en pluie, la tête étant soustraite à l'action de l'eau par un bonnet de caoutchouc ou une serviette mouillée pliée en plusieurs doubles. Le bain ou le demi bain froid pris en baignoire d'une durée de une à deux minutes a tout à la fois une action excitante et révulsive, de même que le bain de siège à eau courante, alors que le bain de siège à eau dormante jouit de propriétés sédatives et rentre dans la médication calmante, ces conditions sont indispensables pour la guérison des névroses, des névrites, polynévrites, myélites, poliomyélites, névralgies rebelles pour lesquelles je décrirai plus loin un procédé héroïque renouvelé des anciens et perfectionné.

C. *De l'action reconstituante hygiénique et prophylactique de l'eau froide.*

Cette action se confond à peu près avec la précédente. Elle appartient surtout à l'hydrothérapie hygiénique qui peut se faire dans des établissements balnéaires quelconques.

Elle est indispensable aux personnes fatiguées, surmenées; elle agit sur la circulation capillaire et sur la peau. Son effet principal est d'établir, de maintenir, ou de rétablir l'harmonie, l'équilibre entre toutes les fonctions de l'organisme. Elle convient aussi bien aux enfants qu'aux vieillards et aux femmes, ainsi qu'aux individus qui sont prédisposés aux coryzas, aux bronchites, aux angines, aux rhumatismes et généralement à tous les états morbides qui se rattachent à la prédominance du système nerveux ou des systèmes lymphatiques et muqueux.

Cette hydrothérapie a encore pour agent principal la douche en jet ou en pluie, mais on peut y suppléer par le *tub*, l'éponge, l'arrosoir, etc. C'est surtout en voyage que ces derniers moyens seront utilisés par les personnes qui ont une habitude quotidienne de la douche qu'elles ne veulent pas interrompre.

DE LA DOUCHE LOCALE

Nous n'avons guère parlé jusqu'ici que de la douche générale. C'est à Fleury que revient l'honneur d'avoir le premier formulé la douche locale.

La douche peut être générale et locale tout à la fois. Ce sont les douches locales qui ont transformé l'hydrothérapie et fait d'une médication de hasard une médication rationnelle et positive ne devant être appliquée que par un médecin. Les douches spléniques et hépatiques sont réservées aux fièvres intermittentes et aux congestions du foie.

Les congestions céphaliques et utérines réclament des douches locales dirigées avec une extrême prudence ou des douches dérivatives. La douche épigastrique sera employée avec succès dans l'anorexie nerveuse, et la gastralgie, etc.

Hâtons nous d'ajouter que la douche locale est toujours suivie d'une douche générale et que pour obtenir l'effet local il suffit d'insister sur la partie qu'il s'agit de modifier, le temps nécessaire, tout en continuant à doucher les diverses parties du corps.

DE LA SUDATION

Priessnitz faisait abus de la sudation. Il a reconnu lui-même son erreur et en avait restreint l'usage à la fin de sa carrière.

Par sudation on désigne en hydrothérapie une médication sudorifique obtenue par élévation de la température poussée jusqu'à la transpiration.

L'emmaillotement sec ou humide, l'étuve ont été tour à tour employés pour obtenir le résultat désiré.

Dans le 1er cas, le malade est condamné à une immobilité forcée pendant plusieurs heures ; dans le second, il doit respirer l'air brûlant de l'étuve où il est enfermé ce qui n'est pas sans graves inconvénients. On a aussi préconisé l'encaissement qui a du moins l'avantage de laisser au dehors la tête du malade.

A tous ces moyens Fleury a substitué l'étuve sèche par enveloppement sur un fauteuil à sudation.

Ce moyen étant rarement utilisé dans les maladies nerveuses, je renvoi le lecteur qui désirerait s'initier à cette pratique soit

à l'ouvrage de Fleury (1) soit à mon précis
d'hydrothérapie scientique (2).

DE L'AQUAPUNCTURE.

Les anciens se servaient de l'aquapuncture dans les névralgies intenses et en
obtenaient de bons effets, mais l'imperfec-
tion des appareils avait fait peu à peu
abandonner cette médication.

Salle-Girons et Fleury avaient tenté de
la ramener dans la pratique sous le nom
de *douche filiforme*. Pascal en fit un fréquent usage dans les ataxies, paralysies,
sciatiques et névrites diverses, toujours
avec succès, même dans les anesthésies
d'origine centrale et contre les douleurs
fulgurantes du tabes. Mais la plupart des
établissements hydrothérapiques avaient
renoncé à son emploi en raison des appareils qui étaient encore loin de réaliser ce
qu'on était en droit d'en attendre.

J'ai fait construire par la maison Tassart,
Balas, Barbas et Cie, un appareil qui me
paraît cette fois réaliser tous les désidérata
possibles. J'en ai donné le dessin avec le
mode d'emploi dans la *Revue internationale de thérapeutique*, n° 11, 1895, et l'ai

---

(1) L. FLEURY. *Traité thérapeutique et clinique
d'hydrothérapie*, 4° ed. 1875.
(2) E. VERRIER. *Précis d'hydrothérapie scientifique*, 2° ed. 1895.

communiqué au Congrès des aliénistes et neurologiste de Bordeaux, en 1895.

EXERCICES, BOISSONS, RÉGIME

Exercices. — Nous avons dit que Priessnitz recommandait l'exercice.

Cet exercice est en effet d'une grande utilité, non seulement après la douche, pour faciliter la réaction, mais même avant la douche pour faire la préaction. La promenade pour la préaction suffira pou-élever suffisamment la température du corps et faire que la douche soit favorable.

Pour les paraplégiques, ou en cas de mauvais temps, on peut procéder à cette préaction par l'exercice des haltères.

Quant à l'exercice après la douche pour la réaction, c'est encore la promenade en été ou les différents sports, équitation, canotage, salle d'armes et surtout bicyclette, qui pourront remplacer la promenade à pied.

Il est clair que l'hiver la gymnastique de chambre sera ce qui conviendra le mieux, et pour les impotents, le massage. Il est inutile de forcer les malades à manier des pavés, mener la brouette chargée, scier du bois, jardiner, etc. à moins qu'ils n'en ayent l'habitude.

Ces exercices violents pourraient tout au plus être réservés aux diabétiques.

Boissons. — En Allemagne on recommande l'eau froide.

Parfois on en abuse au détriment de la santé. Pendant la sudation un demi verre d'eau fraiche peut faire du bien, mais en général les applications hydrothérapiques sont de trop courte durée pour que le malade aie le loisir de boire quoique ce soit.

A table, nous préférons l'eau rougie à l'eau pure, ou l'eau minérale, surtout dans les grandes villes, où l'eau est souvent contaminée. Nous n'admettons la bière ou le cidre que pour les personnes habituées à ces boissons.

Dans tous les cas, l'usage des boissons sera réglée sur la quantité d'aliments ingérés.

Le lait comme boisson diurétique, a son avantage. C'est au médecin à le prescrire.

Fleury recommandait une eau minérale bi-carbonatée sodique pour mêler avec le vin ; le bicarbonate de soude facilite la digestion et le dégagement d'acide carbonique stimule l'appétit et facilite l'assimilation.

Régime. — Souvent, pour ne pas dire toujours, après quelques jours de pratique hydrothérapique, une ou deux semaines au plus, l'appétit revient et les fonctions de nutrition se relèvent.

Il faut alors s'occuper du régime.

La nourriture doit être abondante ;

viandes blanches et noires, poissons, œufs, légumes verts, tout cela ordonné et combiné pour que le malade puisse réparer les pertes organiques qu'une affection chronique ou nerveuse amène toujours.

Lorsque le repas est suivi de réaction fébrile, lorsque les digestions sont accompagnées ou suivies de douleurs, dans certains cas de contractures hystériques, il peut être utile de prescrire des aliments froids. A ces simples précautions se réduit le régime dont Priessnitz faisait un si grand cas.

Il ne me reste plus maintenant qu'à recommander la confection d'un petit établissement en pichepin verni genre châlet à l'usage d'un seul médecin. Ce confrère pourrait encore à la campagne rendre au public de très importants services, non seulement dans les maladies nerveuses, mais aussi dans les maladies chroniques, chaque fois en un mot qu'il jugera opportune la médication hydrothérapique. Une salle de douches et deux cabines de chaque côté donnant sur un couloir qui a accès dans la salle de douche coûteraient à peine 500 francs, mettons autant pour les appareils et les conduites d'eau en tout 1000 francs, c'est ce que m'a coûté une installation analogue où j'avais établi une clinique à Paris.

XX

Dernières recommandations.

La douche en pluie est peu employée aujourd'hui, la réaction qui la suit congestionne le cerveau, ce qu'il faut éviter. Dans certains cas d'insomnie elle peut rendre quelques services, mais le confrère qui veut à la campagne pourvoir aux cas les plus pressants peut ne la pas faire installer chez lui. Il remplira toutes les indications avec la douche en jet. J'en dirai autant de la douche en cercle qui fait bien dans l'armamentarium d'un grand établissement par le brillant de ses cuivres polis, mais que la douche en jet brisé par la palette peut très bien remplacer comme effet, ainsi que toutes les autres douches qui s'étalent luxueusement dans de grands établissements.

Bref la douche en jet mobile et si l'on veut le bain de siège et l'appareil à aquapuncture peuvent rendre tous les services possibles en hydrothérapie. Encore peut-on supprimer ces deux derniers. Je ne parlerai que de la douche mobile destinée à doucher toutes les parties du corps ét pouvant donner tantôt le jet, tantôt l'éventail, la lame ou la nappe, tantôt une pulvérisation plus complète, pouvant à la volonté de l'opérateur donner la douche générale et la douche locale, la douche simple ou la douche la plus compliquée, et même la douche en pluie par réflexion.

Lorsque le malade est placé à portée du jet on lui recommande de ne contracter aucun muscle, de respirer largement, profondément, lentement, de se frictionner légèrement la poitrine avec la main droite et de rester immobile.

Le médecin saisira alors le tuyau de la douche mobile de la main droite et avec la gauche il ouvrira le robinet et en écartera plus ou moins la palette pour en briser le jet suivant la douche qu'il voudra donner.

La durée totale d'une douche ne dépasse pas vingt cinq à trente secondes au début du traitement, surtout chez un sujet n'ayant jamais été soumis à l'hydrothérapie. On peut même chez les femmes pusillamines commencer par quinze secondes. Elle ne doit pas dépasser quarante cinq secondes, une minute au plus quelque soit le cas soumis au traitement.

Dans les crises nerveuses, il vaut mieux répéter les douches que de prolonger leur durée et dans l'intervalle recourir à la

friction au moyen d'une serviette mouillée.

L'accès se calme ainsi plus rapidement
et la guérison est plus sûre que si l'on
prolongeait la douche.

En général on administre deux douches
par jour, une le matin, une l'après midi,
mais cet usage n'a rien d'absolu et les
malades ayant des crises hystériques, épileptiques, ataxiques avec douleurs fulgurantes, les dyspeptiques mêmes, devront
être conduits à la douche toutes les fois
que les crises ou les douleurs se repro-
duiront avec intensité.

Chez les malades ayant des contractures,
chez les anorexiques et chez certains hystériques mélancoliques, ainsi que chez
les morphinomanes, les premiers phénomènes de la digestion, quelque légère
que soit l'alimentation, provoquent souvent dans l'estomac des douleurs violentes, quelquefois le membre contracturé
devient le siège de phénomènes vaso-
moteurs, de contractures partielles secondaires, de crampes douloureuses, qui
cèdent à la douche donnée soit pendant
le repas, soit immédiatement après.

De même la glace, placée entre deux
linges enveloppant le membre siège de la
douleur, la fait cesser instantanément.

Comment faut-il donner la douche?

Lorsque le malade est placé devant l'opérateur et lui tournant le dos et que celui-ci a tourné le robinet de la douche mobile, la palette brisant incomplètement le jet, il faut diriger la douche à la hauteur des vertèbres cervicales, descendre rapidement sur le côté droit de la colonne vertébrale en imprimant au tuyau et à la palette une légère pression et un mouvement de haut en bas, insister 3 ou 4 secondes sur les pieds avec le jet moins brisé et remonter pour descendre avec la même rapidité sur le côté opposé.

Si le malade a bien supporté ces deux premières passes, on le reprendra sur toute la largeur du dos, en ayant soin d'insister sur toute la région sacro-lombaire, sur les membres inférieurs et finalement sur les pieds.

On fera ensuite retourner le malade et l'on procédera de la même manière sur la partie antérieure du corps.

Quelques praticiens commencent par les pieds, avant de doucher les vertèbres cervicales et le reste, pour finir encore par les pieds.

Si la douche était mal supportée, soit dans la région dorsale, soit sur la poitrine, on passerait rapidement sur cette région, afin de ne pas imposer au malade une souffrance inutile, capable d'amener des quintes de toux ou de la suffocation et de provoquer ainsi du découragements.

S'il y a des points hystérogènes, on brisera le jet davantage au niveau de ces points ou on douchera par réflexion en dirigeant obliquement le jet sur le mur voisin, de manière à ne plus donner à la douche qu'une percussion très affaiblie et obtenir ainsi une douche calmante.

En cas d'indications spéciales, comme lorsqu'on devra donner des douches locales, on insistera légèrement sur le foie, la rate, le point douloureux, l'épigastre, etc., avec le jet brisé tout le temps voulu, pour continuer ensuite comme il a été dit et en terminant toujours par les pieds.

D'une manière générale, il ne faut dans aucun cas revenir sur une partie déjà douchée, car, outre qu'on empêcherait la réaction, on provoquerait chez le sujet un malaise pouvant durer depuis quelques heures jusqu'à plusieurs jours.

Lorsque la douche est bien administrée, quelque soit l'état de faiblesse du malade, il la supportera toujours si elle n'est ni trop longue ni trop forte; la réaction cherchée se produira instantanément et le bien être suivra cette application.

Lorsque la douche hépatique ou splénique est douloureuse, il faut employer l'éventail 8 ou 10 secondes au plus. Lorsqu'au contraire le foie et la rate sont indolores la douche sera plus forte et plus courte et le succès suivra ces applications.

La douche hypogastrique, lorsque la congestion de l'utérus est le point de départ de l'état nerveux, exige parfois, pour être efficace, que la malade soit assise. La percussion sur l'utérus ou les annexes est alors plus directe; le jet, dans ce cas, doit toujours être brisé avec l'éventail. Cet organe, plus encore que le foie et la rate, doit être douché avec la plus grande précaution.

Lorsque l'on croit devoir recommander une douche forte il ne faut jamais arriver au plein jet. Il y a là une question de nuance dont l'opérateur aura à faire la différence.

Les articulations exigent également de grandes précautions; si l'articulation est rouge, douloureuse, donnez une douche sédative; si vous voulez obtenir une résolution dans les parties molles périphériques, donnez une douche en jet. Si, vous avez affaire à une ankilose incomplète et que vous ayiez tenté de faire manœuvrer l'articulation malade, donnez une douche sédative c'est à dire en éventail un peu prolongée avec une faible pression, et enfin, si l'état précédent s'est modifié, donnez une douche excitante en jet avec une pression modérée.

Quelques recommandations s'imposent encore à l'attention du praticien qui veut surveiller le traitement de ses malades ou les doucher lui-même.

Chez une hystérique par exemple, dont un des symptômes principaux serait l'anémie, il y a deux sortes de douches à employer.

1° Pendant les crises, les douches calmantes ; 2° en dehors des crises la douche tonique.

En cas de complications, par exaltation, agitation, délire, il faudra revenir aux pratiques calmantes , douches sédatives ou mieux encore simples affusions, compresses sur l'hypogastre, enveloppements prolongés et multipliés, avec une eau d'une température de $+ 16$ à $+ 18°$.

Bref le médecin devra, s'il n'opère pas lui-même, ou s'il ne confie pas à un médecin hydropathe le soin de sa malade, surveiller de très près celle-ci afin de pouvoir apporter instantanément telle ou telle modification nécessaire, selon les cas ou les circonstances, aux procédés ordinaires. En effet, les cas particuliers et les indications spéciales, disait Fleury, constituent l'hydrothérapie rationnelle, scientifique et distinguent l'hydropathe instruit et expérimenté de l'empirique.

20.

Pour le public comme pour beaucoup de médecins le mot d'hydrothérapie est synonyme de douche, c'est là une forte erreur, et, dans certaines maladies nerveuses et plus encore dans les affections du cœur, comme je le démonterai ultérieurement, l'hydrothérapie se compose de pratiques qui sont parfois l'opposé de la douche, mais ne relèvent pas moins de l'eau froide.

Faut-il doucher une femme pendant les règles, ou pendant la grossesse ? Comment faudra-t-il la doucher ?

Cette triple question a été élucidée par Fleury dans son traité clinique magistral d'hydrothérapie et la tradition en est restée à l'Institut de Passy.

Lorsque le traitement avait été commencé à une époque favorable, le maître ne l'interrompait pas durant les règles, mais il ne le commençait jamais pendant cette période. Les résultats obtenus ont montré qu'il avait raison d'agir ainsi.

Mais si les règles sont trop abondantes ou de trop longue durée, on insistera sur la partie supérieure du corps; on douchera avec insistance, les bras de la malade étant mis en croix, tandis qu'on glissera rapidement sur les membres inférieurs.

La durée de la douche sera de 35 à 40 secondes.

Si, au contraire la malade est dysménorrhéique ou aménorrhéique on administera la douche en insistant sur les parties inférieures du corps, ou on administrera soit une douche plantaire ou périnéale de 7 à 8 secondes et en cas d'insuccès on pourra pratiquer l'aquapuncture sur les membres inférieurs.

Une précaution pour la douche périnéale, c'est de mettre la malade sur le dos, les cuisses relevées sur le bassin et de briser le jet sur le sol à quelques centimètres du périnée qui le reçoit alors par réflexion. C'est aussi le moyen employé chez l'homme dans les engorgements de la prostate.

Chez la femme l'existence de polypes, fibromes ou déplacements utérins ne changent rien au procédé opératoire.

Quant aux femmes enceintes, si, surtout, elles sont familiarisées avec la douche en état de vacuité, la grossesse ne doit pas être un obstacle à la continuation du traitement. Ces malades en retirent toujours un avantage ainsi que leur enfant.

Seulement il faudra se contenter de douches générales et éviter la douche en pluie. L'opération sera courte et on n'insistera sur aucun point. Arrivé sur les reins l'opérateur passera très rapidement avec l'éventail et dans ces conditions aucun accident n'est à craindre.

Si la femme n'a jamais pris de douche et qu'elle appréhende ce traitement, on fera mieux de ne pas insister et de se contenter de quelques lotions froides dans le *tub*.

C'est avec ces préceptes que Fleury a vu des prédispositions nerveuses héréditaires ne pas se transmettre à l'enfant, lorsque la mère pendant sa grossesse a été soumise à la douche générale.

XXI

Thérapeutique thermale
applicable aux maladies nerveuses.

Après avoir envisagé la thérapeutique de la plupart des maladies nerveuses et avoir fait la part considérable qui revient à l'hydrothérapie, il me reste pour clore cette étude à parler des ressources que les eaux minérales et en particulier les eaux thermales offrent aux médecins pour la cure de ces différentes affections.

Certaines stations ont à cet égard une réputation faite ; je ne veux pas chercher à la combattre, mais est-elle bien toujours méritée et ne trouverait-on pas dans des stations moins connues des éléments de guérison aussi certains pour ne pas dire plus ?

Etablissons d'abord un fait connu ; c'est que l'isolement des affaires et de la famille, du monde et du bruit, est un des premiers facteurs de la guérison.

Sous ce rapport donc certaines stations modestes s'imposent de préférence à ces stations bruyantes, à casino, à bals et fêtes à jet continu, qui seraient déplorables dans l'espèce.

Je tiens compte pourtant de ce fait qu'un malade qui s'ennuie dans une station y broie du noir et ne tarde pas à faire du spleen ou de la mélancolie, à moins qu'il ne quitte la station de bonne heure *de proprio motu*.

Mais ne peut-on pas choisir une de ces villes d'eaux entourées de belles promenades, de vues et de sites ravissants, où se rend une société tranquille et choisie, sans jeter le malade dans le tourbillon du jeu, ou des courses d'une de nos stations à la mode?

Le choix sera d'autant plus abondant qu'il est démontré aujourd'hui que la guérison des maladies nerveuses s'obtient aussi bien avec des eaux froides qu'avec des eaux thermales. C'est là une question de tact pour le médecin qui exerce près des sources.

Dans ces eaux froides ou chaudes, il en est de plusieurs compositions se rapportant à des classes diverses ; ainsi il y a des eaux *sulfurées* sodiques et calciques qui forment la 1re classe. Des eaux *chlorurées sodiques* simples ou sulfureuses formant la 2e classe ; des eaux *bi-carbonatées* et des *eaux sulfatées*, 3e et 4e classe, et enfin des eaux *ferrugineuses* ressortissant à la

5ᵉ classe de la classification de MM. Durand-Fardel, Le Bret et Lefort, qui sont plus rarement employées.

Parmi les eaux de la 1ʳᵉ classe, il y a les EAUX CHAUDES à 4 kilomètres des Eaux Bonnes. Celles-ci sont spécialisées, comme chacun sait, pour la cure des affections pulmonaires.

Les EAUX CHAUDES, au contraire, à une altitude moins élevée, possèdent six sources qui varient de 10° à 36°. Elles sont sédatives et conviennent aux névropathes arthritiques, aux polynévritiques saturnins ou arsenicaux, ainsi qu'à tous les empoisonnements métalliques.

Le site est ravissant, les promenades fort belles et l'établissement très bien installé avec une vaste piscine. Or, j'ai démontré dans la *Revue des villes d'Eaux*, du 14 juillet 1883, que les bains pris en commun n'étaient pas sans avantages sur la guérison.

La station Pyrénéenne de LUCHON, possède des sources variées se rapportant à plusieurs des classes de Durand-Fardel et il faut de toute nécessité que le malade s'adresse à un médecin de la station pour se reconnaître dans le dédale des sources dont les unes jaillissent dans l'intérieur de l'établissement, les autres au dehors, formant une gamme de température des plus complètes de 11 à 66°, à ce point qu'on est obligé de refroidir l'eau de ces dernières à l'aide de la source saline froide qui jaillit au sud-ouest de l'enceinte.

Il se fait aussi à Luchon des mélanges d'eaux connus sous le nom de *sources alimentaires*, qui compliquent encore la situation pour nous. Enfin le grand nombre des malades qui se rendent de toutes parts à cette station, mondaine entre toutes, ne serait pas précisément pour moi l'objectif qui me séduirait pour le traitement de nos neurasthéniques modernes.

Cependant je constate que les médecins de la localité ont enregistré des succès dans les paraplégies rhumatismales ou purement nerveuses ; mais encore là, n'enverrai-je pas de paralysies d'origine cérébrale qui se trouvent mieux des eaux chlorurées sodiques. D'après le Dr Bélugou le traitement de Luchon conviendrait aux tabétiques syphilitiques et on sait s'ils sont nombreux. (00/100)

Puisque nous en sommes à la région Pyrennéenne, disons un mot de SAINT-SAUVEUR. Cette station, plus modeste, bien que spécialisée pour le traitement des maladies utérines, possède des sources d'une température de 19° à 35° qui, d'après M. Fabas, seraient douces, sédatives et hyposténisantes.

Il est notoire que lorsque les propriétés

résolutives de ces eaux se sont exercées sur le catarrhe utérin, l'excitabilité nerveuse, qui accompagne toujours cet état chez la femme valétudinaire, disparaît à son tour, ainsi que les douleurs viscérales, utérines, les névralgies intercostales ou mammaires et les phénomènes d'hystéricisme. Pour ces raisons je n'hésiterais pas à recommander à une hystérique ou à une neurasthénique une cure à Saint-Sauveur.

Saint-Honoré, la seule station thermale sulfureuse du centre, à thermalité moyenne, 20° à 31°, est une de ces stations modestes et confortables, où, avec de jolies promenades, les malades sont assurés de trouver tous les soins qui leur sont nécessaires sans dommage pour leur bourse.

L'honorable Dr Collin, ancien inspecteur, y a obtenu de nombreux succès dans les paralysies d'origine arthritique et dans certaines polynévrites.

La première classe comporte encore des eaux sulfurées calciques tandis que celles que nous venons d'examiner appartiennent à la division des sulfurées sodiques.

Au premier rang des sulfurées calciques se place Aix, en Savoie, à 17 kilom. de Chambéry, et à 32 mètres au-dessus du lac du Bourget qui occupe le fond de la vallée.

Le climat est sain, le site varié et pourtant je n'oserais pas y adresser certains de nos malades pour lesquels l'isolement des plaisirs du monde est de nécessité absolue.

C'est qu'Aix possède un Casino fréquenté et que je considère l'entraînement mondain comme une contre-indication formelle à la cure de la neurasthénie.

Pourtant, les malades pour lesquels cet isolement n'est pas de rigueur, trouveront à Aix des eaux abondantes d'une température de 43 à 45° avec un excellent service d'hydrothérapie thermale.

On y soigne avec succès les paralysies indépendantes d'une lésion organique des centres nerveux et les névroses. M. le professeur Raymond en a obtenu d'excellents résultats par l'association du massage à la douche sulfureuse dans un cas où une polynévrite avait nécessité l'intervention chirurgicale.

ALLEVARD dans l'Isère et GRÉOUX dans les Basses-Alpes, sont encore de ces stations modestes dont les eaux sulfurées calciques et d'une thermalité modérée, de 24° à 38°, sont favorables à la sédation de l'élément nerveux.

A Gréoux les névralgies constituent la partie la plus importante des cures. En y joignant le massage à la douche, on pourrait obtenir d'excellents effets dans, les paralysies *sine materia* et les polynévrites.

Le climat de la Provence et l'éloignement des montagnes élevées permet à l'établissement de rester ouvert toute l'année, ou tout au moins d'y conserver longtemps ses malades.

A l'étranger, au milieu de beaucoup de stations qui se réclament plus ou moins de leur succès en neuropathologie, nous n'en trouvons qu'une parmi les eaux sulfureuses que nous puissions recommander c'est Acqui, en Sardaigne. T. 75°; spécialité, paralysies locales avec atrophie musculaire.

Nous arrivons aux eaux de la deuxième classe, les *Eaux chlorurées*. Comme les précédentes, elles forment deux divisions, les chlorurées sodiques simples, et les chlorurées sodiques sulfureuses. Celles-ci participent un peu des propriétés des eaux de la première classe.

Nombreuses, dans notre belle France, sont les eaux chlorurés sodiques simples. Nous ne citerons pourtant que les plus renommées dans le traitement des maladies nerveuses, en insistant sur les stations les plus modestes pour les raisons que j'ai données plus haut.

Bains dans les Vosges, a des eaux d'une température élevée, de 30 à 50°, qui possèdent en conséquence des propriétés excitantes. Elles conviennent dans les formes torpides de la neurasthénie ou dans des états nerveux mal déterminés chez des sujets trop faibles pour supporter une médication active et chez lesquels la réaction reste en souffrance.

Balaruc (Hérault) à 27 kilomètres de Montpellier sur les bords de l'étang de Thau. T. moy. 47°5. Etablissement ouvert toute l'année.

D'après M. Le Bret les eaux de Balaruc jouiraient d'une action légèrement purgative.

C'est une des stations les plus connues, avec celle de Lamalou que nous verrons plus loin, pour le traitement des maladies nerveuses.

Il est certain qu'avec une température modérée, ces eaux fortifient notablement et influencent avantageusement les désordres de l'innervation. Mais, au point de vue de la cure des paralysies en général, il faut bien dire que la réputation de Balaruc, qui s'est établie à une époque déjà ancienne, ne se ferait plus aujourd'hui que nous connaissons des eaux mieux spécialisées pour chaque genre de paralysie.

Il reste à Balaruc les paralysies franchement rumatismales ou purement fonctionnelles, les paralysies séniles au début, c'est déjà encore un champ assez vaste à explorer.

Mais quant aux paralysies hystériques, à celles qui peuvent succéder à des attaques d'épilepsie, elles sont absolument réfractaires au traitement de Balaruc dont les eaux chlorurées sont trop actives, comme pour tout état de nervosisme exagéré. Les hémiplégies post apoplectiques, la paralysie essentielle de l'enfance sont au contraire soulagées, si non guéries, par l'usage de ces eaux dont les propriétés légèrement purgatives ne sont pas sans influence sur le résultat. (Voir : *Annales de la Soc. d'hydrol. méd. de Paris*, T. II). La saison n'est pas indifférente en raison de la chaleur accablante de la région. Ainsi on choisira pour la cure mai et juin ; septembre et octobre. On s'exposerait à des accidents en envoyant des malades du Nord à Balaruc pendant la saison d'été. D'apres le D\u2072 Bélugou, Balaruc serait favorable au traitement du *tabes dorsalis*.

Bourbon l'Archambault et Bourbon Lanoy. — La première station à 20 kilomètres de Moulins (Allier) T. 52°. Bonne installation, réalisant au point de vue de la tranquilité, sans ennui, ce que nous pouvons désirer pour nos nerveux. Les bains y sont donnés frais, 24 à 27°, tempérés, 28 à 33°, et chauds 34 à 38°. Les douches sont également données à diverses températures. Depuis un temps immémorial on emploie à Bourbon l'Archambault des ventouses appelées *cornets* auxquelles les fanatiques de cette station attribuent ses succès. Les conferves y sont aussi utilisées topiquement.

Outre les affections strumeuses, qui forment la majorité des maladies de cette station, on y soigne aussi, avec un certain succès, des paralysies et des hémiplégies d'origine cérébrale, lorsqu'on peut en commencer le traitement à une époque voisine de l'attaque, ce qui est précieux pour le médecin.

La seconde de ces stations est moins importante ; cependant ses eaux sont reconnues pour agir efficacement dans les névroses et le rhumatisme et comme toniques et stimulantes dans la neurasthénie torpide, certaines paralysies flasques, les névralgies crurales et sciatiques ; mais elles ont moins de succès dans les névralgies faciales et thoraciques.

BOURBON-LANCY est à 80 kilomètres de Mâcon (Saône-et-Loire) la température de ses eaux est de 28 a 56°, elles se rapprochent donc de celles de Néris, Luxeuil, Bains et Plombières. La station est modeste quoique confortable sans exagération de prix, elle convient à ceux de nos nerveux qui doivent éviter les entraînements du monde et du jeu.

BOURBONNE (Haute-Marne) à 30 kilomètres de Langres. T. des eaux de 50° à 58°. Hôpital militaire. Spécialité : rhumatismes, blessures anciennes, vieilles fractures, luxations, etc.

A côté de cela on y traite avec succès par les douches, les bains chauds et tempérés, les bains et l'eau, qui prise en boisson serait légèrement purgative, les paralysies rhumatismales et celles qui succèdent à une hémorrhagie cérébrale. Mais le Dr Cabrol, qui avait acquis une grande expérience de cette station, comme médecin principal d'armée, professait, qu'au contraire de Bourbon-l'Archambault, il fallait attendre avant de commencer le traitement que la première période soit dépassée. Nous partageons absolument cette manière de voir en raison des périls auxquels on exposerait le malade en agissant autrement. En somme, le traitement à Bourbonne est doux et gradué au lieu d'être intensif comme à Balaruc ou ailleurs.

CHATEL-GUYON (Puy-de-Dôme) à 7 kilomètres de Riom. Ces eaux spécialisées pour les engorgements agissent dans l'ankylose, les paralysies partielles et générales et l'atrophie musculaire.

La station d'HAMMAN-MESKOUTINE près de Constantine, mérite en passant une mention honorable pour le traitement des maladies nerveuses (voir : Bertherand : *Etudes sur les eaux minérales d'Algérie*). LAMOTTE, à 30 kilomètres de Grenoble est encore une de ces stations modestes que nous voudrions voir plus suivies. Les eaux ont une température de 58 à 60°. Le D' Buissard y a recueilli des observations de guérison de névralgies, hémiplégies, paralysies, paraplégies s'accompagnant de douleurs spinales indicatrices de myélites. Il y a vu aussi disparaître des contractures et des mouvements convulsifs dans les membres paralysés (Buissard, *Eaux thermales de Lamotte. Etudes cliniques*, 1854).

Luxeuil (Haute-Saône) à 20 kilomètres de Lure T. 19 à 56°; comprend des sources de deux ordres : Chlorurées sodiques et ferrugineuses manganésiennes.

Cette station est à peu près l'analogue de Néris. On y soigne du moins les mêmes affections. Les gynécologues comme les neuropathologistes s'y donnent rendez-vous et s'y recommandent à l'expérience du savant docteur E. Tillot, le gai poète de nos salles de garde et de nos banquets confraternels.

Pour nous les eaux chlorurées sodiques de Luxeuil conviennent au traitement des névroses, notamment de l'hystérie, de la la paraplégie, de la gastralgie, anorexie nerveuse et névralgie sciatique.

Le bain tempéré agit bien chez les névropatiques, les neurasthéniques et le bain chaud chez les paralytiques, chez les sujets atteints de névralgies, de paraplégies rhumatismales ou dépendantes d'un trouble particulier de l'innervation.

L'hystérie, même, a paru heureusement influencée par les eaux de Luxeuil. Cette station, comme celle de Néris, était déjà célèbre à l'époque romaine.

On peut encore citer dans cette classe RENNES-LES-BAINS, dans l'Aude, dont les eaux 31°, 40° et 51° sont favorables aux névralgies ovariques et utérines, à l'érétisme nerveux, à la maladie de Little (*Spastic rigidity*) et dans quelques neurasthénies.

Les deux SALINS (Jura et Savoie) représentent les deux extrêmes dans la thérapeutique névropathique, au point de vue de la thermalité. En effet Salins du Jura avec des eaux froides a 12°5 recherche les mêmes malades que Salins (Savoie) dont les eaux marquent 38°. Je donnerais néanmoins la préférence à cette dernière station, sauf pour les névropathes disposés aux congestions pour lesquels je préfère l'eau froide.

Parmi les chlorurés sodiques étrangères qui sont nombreuses, je citerai seulement: BADEN-BADEN, 44 à 67°, CANNSTADT (Wurtemberg) et WILDBAD pour les impotences fonctionnelles des membres inférieurs WIESBADEN enfin, dans le grand duché de Nassau, qui possède des sources froides à 13° et des sources chaudes à 69°. Nos confrères d'outre-Rhin y soignent l'éréthisme nerveux, la neurasthénie et les paralysies réduites à des lésions dynamiques ayant besoin de moyens excitants.

Quant aux eaux chlorurées sodiques sulfureuses, je recommanderais, en France, les eaux de Saint-Gervais (Savoie) et d'Uriage (Isère) où le Dr Doyon a obtenu des succès dans les névropathies, dyspepsies, gastralgies, entéralgies et en général dans toutes les affections de cet ordre dans lesquelles l'éréthisme masque un état général qui disparaît à mesure que les forces se relèvent et qu'une meilleure impulsion préside à toutes les fonctions de l'économie ; on dit même que les tabétiques syphilitiques se trouveraient bien d'une saison à Uriage (Bélugou).

A l'étranger je ne vois guère parmi les eaux chlorurées sodiques sulfureuses qu'Aix-la-Chapelle qui puisse rivaliser avec nos sources nationales pour l'atrophie musculaire, les paralysies localisées et les polynévrites saturniques, cupriques et arsénicales et qui, comme Uriage, pourrait convenir aux tabétiques syphilitiques.

Nous arrivons aux eaux de la 3e classe de MM. Durand-Fardel et Le Bret. Ce sont des eaux *bi-carbonatées*.

Ici encore nous trouverons des eaux bicarbonatées sodiques et calciques et nous en trouverons tenant des unes et des autres et que pour cela nous appellerons bi-carbonatées mixtes.

Elles n'ont pas assurément pour nous, la valeur des eaux sulfureuses, ni même des eaux chlorurées, cependant elles rendent encore des services aux neuropathologistes dans bien des cas. Plusieurs d'entre elles ont même une réputation qui dépasse de beaucoup les limites de leur région, mais au point de vue des maladies nerveuses, il faut bien le dire, elles agissent surtout par leur thermalité. Telles sont Caudesaignes et Vichy, en France, Soultzmatt, en Alsace-Lorraine, pour les bicarbonatées sodiques.

Parmi les bi-carbonatées calciques, on cite comme plus connus pour la guérison des maladies nerveuses : Aix (Bouches-du-Rhône) Alet (Aude) Pougues (Nièvre) et Ussat (Ariège).

Quant à Aix en Savoie qui contient bien une certaine proportion de bi-carbonate de soude, nous l'avons classsée avec les eaux sulfatées calciques.

Pougues, qui est une eau froide, est rangée parmi les sédatives et convient aux dyspepsies et aux gastralgies douloureuses.

Ussat, spécialisée pour les maladies des femmes, guérit par la même occasion l'état névropathique qui accompagne souvent ces maladies, les névralgies du tronc et des membres et certains états neurasthéniques, ainsi que l'hystérie, la chorée, la gastralgie et les névralgies abdominales et cutanées (Dr Bonnaus). A l'étranger nous ne trouvons guère leurs analogues.

Dans les eaux bi-carbonatées mixtes nous rangeons, CHAMBON (Puy-de-Dôme), EVIAN (Savoie) qui combattent heureusement l'état spasmodique compliquant les paralysies surtout chez les enfants; ROYÁT près Clermont, St-NECTAIRE près d'Issoire, et particulièrement NÉRIS qui a une réputation méritée dans le traitement des maladies nerveuses plus par la thermalité de ses eaux et l'expérience de ses médecins, que par la composition chimique des mêmes eaux. Les deux puits les plus importants sont *César* 52° et *la Croix* 51°2.

Le rendement total des six sources de Néris est de 1.000 à 1.100 mètres cubes dans les vingt-quatres heures.

La véritable spécialisation de Néris sont les névroses simples. On y soigne aussi le rhumatisme nerveux, les névrites périphériques, les névralgies ovariennes et utérines, les paralysies rhumatismales.

On dit que Néris aurait obtenu quelques succès dans le *tabes dorsalis*. Pourquoi, alors Plombières, Luxeuil et d'autres stations dont les eaux sont peu minéralisées et la thermalité élevée, n'en obtiendraient elles pas aussi ? En tous cas il ne pourrait s'agir que des tabes d'origine arthritique et ils sont relativement rares (Bélugou).

Pour moi je pense que dans les cas de complications par névroses ou lésions nerveuses centrales, il devient dangereux de chercher à obtenir une action thérapeutique sérieuse avec les eaux de Néris.

Mais rien d'analogue à Néris n'existe à l'étranger qui vaille la peine d'être cité.

Dans la 4e classe, celle des eaux sulfatées, nous trouvons au premier rang PLOMBIÈRES (Vosges) dont les eaux sont sulfatées sodiques. Il y en a aussi de ferrugineuses bicarbonatées. Ces dernières sont froides.

Les sulfatées sodiques, au contraire, varient de 20 à 41°, 50° pour la source des Capucins, 70° pour celle de Bassompièrre.

D'après les chimistes les plus compétents, ces eaux mériteraient de former une classe à part sous le nom d'eaux silicatées.

Les effets physiologiques des eaux de Plombières sont, au début, de l'excitation suivie bientôt d'affaiblissement pour arriver à l'hyposténisation pour peu que leur usage eut été prolongé.

Il en résulte un certain rapprochement avec les eaux de Néris, spécialement dans leur application élective aux désordres du système nerveux.

L'abondance et la variété des sources nécessite absolument l'intervention d'un médecin de la localité. M. Bottentuit considère les eaux de Plombières comme des eaux types pour le traitement de la gastralgie douloureuse et de la gastro-entéralgie. Les névropathes, souffrant de douleurs cardiaques, se trouveront bien d'une saison à Plombières, à condition de ne pas abuser des eaux trop chaudes qui pourraient exaspérer leurs douleurs.

Les neurasthéniques affaiblis, les individus sujets aux coliques nerveuses, les paraplégiques peuvent également être dirigés sur cette station. Mais les paralysies d'origine cérébrale et les hémiplégies n'y guérissent pas, à moins qu'elles ne soient très récentes. Encore n'oserais-je m'y fier, car c'est contre la logique des faits habituels.

Evaux (Creuse) est encore une station de même ordre où la vie est plus calme et l'isolement plus certain.

A l'étranger, je ne connais que Marienbad (Autriche) qui puisse, pour les cures nerveuses, être comparé à Plombières ou à Néris.

Castellamare, en Italie, jouit aussi de quelque réputation auprès des névrologistes étrangers.

Parmi les sulfurées calciques, nous comptons en France :

Cransac (Aveyron), St-Amand (Nord), célèbre par ses bains de boues, pris en piscines, et en Algérie : Hamman-Riv'a qui, outre le rhumatisme chronique, conviennent au traitement des paralysies cérébrales ou autres, et St-Amand, plus particulièrement, à l'atrophie musculaire progressive, quelle que soit la cause de cette atrophie. Le massage en sortant du bain de boue donne pour ces sortes de lésions un excellent résultat.

A l'étranger, Lucques, en Italie, et Bath, en Angleterre, sont à peu près les seules eaux sulfurées calciques que je puisse recommander.

Encore Bath, ville élégante et mondaine, ne réalise-t-elle pas l'isolement indispensable.

MM. Durand-Fardel et Le Bret recommandent aussi les eaux sulfatées magnésiennes comme favorables aux affections rhumatismales et paralytiques.

Je n'en disconviens pas, mais je ferai observer qu'il n'est guère qu'une seule station, Alméria, en Espagne, qui réalise les conditions de réussite, encore ne pourrai-je répondre de l'installation ni du confort qui existent dans ce pays.

Mais il existe une eau sulfatée mixte française que j'ai eu l'occasion de visiter et qui pourrait donner des résultats analogues à ceux de St-Amand, car on y emploie aussi des bains de boue, mais le bain s'y prend en baignoire.

Il s'agit de Dax, dans les Landes, la température des sources y varie de 31° à 61°; elles conviennent donc dans les névralgies et autres états nerveux aussi bien que dans l'arthritisme ou la scrofulose.

Enfin nous arrivons à la dernière classe, celle des eaux ferrugineuses.

La plupart d'entre elles pourraient être déjà classées avec les bicarbonatées telles sont Chabetout (Puy-de-Dôme) où un établissement est en projet, Chateauneuf (Puy-de-Dôme) où j'ai vu guérir un paralytique qui avait passé trois saisons à Balaruc, sans la moindre amélioration.

Mais il est une eau qui jouit d'une grande réputation dans le traitement des maladies nerveuses, et qui ressortit à la classe des ferrugineuses bicarbonatées et justifie ce que je viens de dire des deux stations précédentes, c'est Lamalou, dans le département de l'Hérault.

Lamalou se divise en trois parties, le haut, le centre et le bas. Nous nous occuperons de cette dernière source qui est la plus ancienne et paraît la plus concentrée. Ses eaux sont thermales (32°5), bicarbonatées, sodiques, alcalines et remarquablement sédatives.

Des travaux récents ont mis à jour des filons dont la température s'élève jusqu'à 36°; on les réserve pour les bains de piscines, et on chauffe jusqu'à 50° pour les douches et les étuves naturelles.

L'indication de Lamalou, répond à la plupart des névropathies avec ou sans paralysie, les névralgies, la paraplégie; les névroses mêmes sont justiciables des eaux de Lamalou.

Le *tabes dorsalis* au début s'y trouve soulagé surtout chez les arthritiques et l'atrophie musculaire guérie. Le Dr G. Morice dans une analyse qu'il a faite dans la *Gazette des eaux* de la *Thérapeuthique thermale comparée* du Dr Bélugou, donne les indications qui résultent de ce travail relatiment au *tabes dorsalis* et rend à César ce qui est à César, et à chaque station ce qui doit lui revenir.

Le médecin de la station, tenant compte des renseignements qui lui seront donnés par le médecin traitant, dirigera le malade suivant l'ancienneté et l'intensité de la maladie, sur l'une des trois sources du bas, du centre ou du haut, où le Dr Boissier a vu des douleurs intenses céder immédiatement à l'administration du bain, d'où il suit que l'état subaigu des névralgiesn'est pas une contre indication à l'emploi de ces eaux. On y a même vu des effets sédatifs notables chez des épileptiques (Dr Boissier).

Rien à l'étranger ne pourrait soutenir

la concurrence spéciale des eaux de Lamalou.

Il existe des eaux ferrugineuses sulfatées à Castera Verduzan (Gers), et à Bagnères de Bigorre.

Cette dernière station possède des sources différentes comme composition. Celles qui rentrent dans la catégorie des sulfatées varient de 13 à 50°, elles sont très sédatives et bien que sans spécialisation déterminée, elles peuvent convenir aux désordres du système nerveux central et périphérique.

Mais Bagnères de Bigorre est une station mondaine très fréquentée et le lecteur sait ce que nous pensons à cet égard pour nos surmenés de l'existence et en général pour toutes les névroses,

Il y a bien encore des eaux ferrugineuses *Manganésiennes* comme Luxeuil par exemple, mais nous avons dit ce que nous pensions de Luxeuil en parlant des eaux chlorurées sodiques. Nous n'y reviendrons pas.

Quant aux eaux sans classement déterminé, elles ne pourraient entrer dans une étude comme celle-ci.

TABLE DES MATIÈRES

Préface de M. le Pr Raymond

Principaux travaux d'hydrothérapie et de neuropathologie de l'auteur.

De l'importance de l'hydrothérapie dans le traitement des maladies nerveuses (*C. R. du Congrès des aliénistes et neurologistes de Clermont*, 1895, p. 287).

Considérations cliniques et thérapeutiques sur l'hystérie (in *France Médicale*, 1895, p. 115).

Du traitement de la morphinomanie avec trois observations cliniques (in *Revue Médicale*, 1895, p. 112).

Précis d'hydrothérapie scientifique de N. Pascal, 2e éd. revue et augmentée, par le Dr E. Verrier, avec 53 observations. Grand in-18 de 270 pages (chez *Maloine, place de l'Ecole-de-Méd., Paris*, 1895.)

Des lésions cutanées hystériques chez l'homme, avec fig. (in *France médicale*, n° 90, 1895).

De l'hypnotisme pendant le travail de l'accouchement (*Bull. et mém. de la Société obstétricale et gynécol. de Paris*, 1890).

De la guérison du goître exophtalmique par l'hydrothérapie et l'électricité, avec 3 observations. (*C. R. du Congrès des aliénistes et neurologistes de Bordeaux*, 1896, p. 130.)

De l'automatisme ambulatoire chez les hystériques (*C. R. du même congrès*, p. 201).

De l'aquapuncture et d'un procédé de rééducation des muscles dans l'incoordination motrice des
membres supérieurs (*C. R. du même Congrès, avec
fig.*, p. 442).

Les miracles de Lourdes et le livre du Dr Bois-
sarie (in *France Médicale*, 1896, p. 156).

La révulsion en neuropathologie (in *Revue internationale de thérapeutique et de pharmacologie* 1896,
p. 265).

Traitement du tabes dorsalis (*ibid.*, p. 389 et
427).

Du massage considéré comme pratique accessoire de l'hydrothérapie (in *France Médicale*, 1896,
p. 565).

Encéphalopathies, leur traitement spécifique, hydrothérapique ou thermal (in *Gazette des eaux*
1896, p. 317).

De l'hydrothérapie dans les névroses cardiaques
(ibid, 1897, p. 152).

De la gymnastique médicale considérée comme
pratique accessoire de l'hydrothérapie (in *Revue
Médicale*, 1897, p. 153).

Des différents sports et en particulier de la vélo-
cipédie considérés comme pratiques accessoires de
l'hydrothérapie (in *Revue Médicale*, 1897, p. 273).

Influence de l'alcoolisme sur le système nerveux
des populations (in *Bull. de la Soc. d'ethnographie*,
n° 103 janvier 1897).

Leçons sur les maladies du système nerveux, par

M. le professeur Raymond. Analyse par le Dr E. Verrier (in *France Médicale* 1897, p. 103).

Influence de l'accouchement sur les maladies nerveuses que présentent ultérieurement les enfants et en particulier sur la maladie de Little ou sur des états analogues. (*Rapport au Congrès international de neurologie, de psychiatrie, d'électricité médicale et d'hypnologie, de Bruxelles, en 1898, en remplacement de M. le professeur Arton (de Graz) empêché; tirage à part in-8° de 25 p. chez Maloine, place de l'Ecole de médecine de Paris.*)

COURS LIBRE A L'ÉCOLE PRATIQUE DE LA FACULTÉ.

Année 1896-97. Cours d'hydrothérapie en 20 leçons.

Année 1897-98. Cours de thérapeutique des maladies nerveuses.

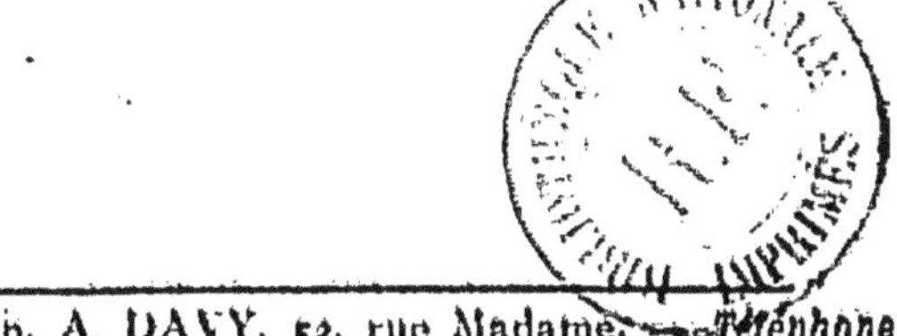

Paris. — Typ. A. DAVY, 52, rue Madame. — Téléphone